Anna Maria Pircher-Friedrich
Rolf Klaus Friedrich

Gesundheit, Erfolg und Erfüllung

Eine Anleitung – auch für Manager

Erich Schmidt Verlag

Bibliografische Information der Deutschen Bibliothek

Die Deutsche Bibliothek verzeichnet diese Publikation
in der Deutschen Nationalbibliografie;
detaillierte bibliografische Daten sind im Internet über
dnb.ddb.de abrufbar.

Weitere Informationen zu diesem Titel finden Sie im Internet unter

ESV.info/978 3 503 11247 0

ISBN: 978 3 503 11247 0

www.ESV.info

Dieses Papier erfüllt die Frankfurter Forderungen
der Deutschen Bibliothek und der Gesellschaft für das Buch
bezüglich der Alterungsbeständigkeit und entspricht
sowohl den strengen Bestimmungen der US Norm Ansi/Niso
Z 39.48-1992 als auch der ISO-Norm 9706

Satz: Peter Wust, Berlin
Druck und Bindung: Strauss, Mörlenbach

Anstelle eines Vorworts

◆

Keine Zeit hat so viel und so Mannigfaltiges
vom Menschen gewusst, wie die heutige –
und keine Zeit wusste weniger,
was der Mensch sei, als die unsrige.

[Martin Heidegger]

Menschliches Verhalten wird
nicht von Bedingungen diktiert,
die der Mensch antrifft,
sondern von Entscheidungen,
die er selber trifft.

[Viktor Frankl]

Inhaltsverzeichnis

1. Warum dieses Buch?

◆

Weil du die Augen offen hast,
glaubst du, du siehst.

[Johann Wolfgang v. Goethe]

Keine Zeit hat ein solch umfangreiches Angebot an Lebensberatung durch Medien, Selbsthilfegruppen, Standesorganisationen, Wirtschaft und Politik geliefert, wie die unsere. Trotzdem beherrschen Orientierungslosigkeit, Verunsicherung und Ängste das Leben vieler Menschen. Die rasante Änderung der individuellen Lebensbedingungen mit unzähligen vermeintlichen Optionen, dem Machbarkeitswahn und dem Streben nach Erfolg um jeden Preis erschüttern die Fundamente der menschlichen Existenz und lassen uns nicht mehr zu Ruhe kommen. Erfolg wird dabei an äußeren Symbolen wie einem mehr an Karriere und Bekanntheit, Einkommen und wachsendem Wohlstand gemessen, getreu dem Motto: nach oben keine Grenze. Ein „Mehr an Erfolg" ist allerdings nicht unbedingt gleich ein „Mehr an Erfüllung" und was nützt der Erfolg ohne die Erfüllung?

Die hervorragende medizinische Versorgung und soziale Lebensumstände, wie sie in der Menschheitsgeschichte besser nie waren, lassen die absolute aber auch die gesunde Lebenserwartung ständig steigen. Ein „Mehr an Leben" bedeutet aber nicht unbedingt ein „Mehr an Lebensqualität". Einerseits ist allen Aufklärungskampagnen zum Trotz in den westlichen Wohlstandsgesellschaften individuelles Risikoverhalten weit verbreitet, andererseits entartet die Sorge um die physische und psychische Gesundheit nicht selten in einer Fehlhaltung, die Gesundheit zur Religion erhebt und das Heil und nicht nur die Heilung beim Arzt, Psychologen, Coach, Berater oder auch Guru[1] sucht.

Ganzheitlich gesundes und gelingendes Leben will aber im Sinne von

1 In Anlehnung an Lütz, M.: Vom Gesundheitswahn zur Lebenslust, in Studioheft 46, ORF, Radio Vorarlberg, Herbst 2006 S. 23.

„Ich bin der Architekt meines Lebens, Leistens, Wirkens und Be-Wirkens"

gelebt sein. Es erfordert Vertrauen in die eigenen körperlichen und seelisch-geistigen Kräfte und die Weisheit des eigenen Körpers, bei gleichzeitigem Wissen um die Schwachpunkte und Grenzen jeder menschlichen Existenz. Es erfordert auch Bemühen um echte, ganzheitliche Bildung und seriöse Information, um den individuellen Lebensweg den eigenen charakterlichen Voraussetzungen entsprechend gestalten zu können und in unserer verwirrenden, unübersichtlichen Zeit Plausibles von weniger Plausiblem und Wahrscheinliches von Unwahrscheinlichem unterscheiden zu können.

Nur dann wird das Leben nicht von Ängsten erfüllt fremd gesteuert, sondern den eigenen Fähigkeiten entsprechend individuell gestaltet. Wenn sich dieser individuelle Lebensweg zusätzlich auch für die Gesellschaft und das soziale Umfeld als nützlich und wertvoll erweist, wird er als sinnvoll und glücklich erlebt.

In einem jahrelangen, intensiven Erfahrungsaustausch in Wissenschaft und Praxis der Medizin und der Betriebswirtschaftslehre, großem Interesse an gesellschaftlichen Trends und Entwicklungen und humorvoller Analyse des Zeitgeistes, sind wir zu der Überzeugung gekommen, dass krankmachende und erfolgshemmende Faktoren, die das eigene Leben nicht gelingen lassen, nahezu in allen Lebensbereichen auf dieselben Fehlhaltungen zurückzuführen sind. Diese Erkenntnisse haben sich durch unser gemeinsames, intensives Interesse an Theorie und Praxis der Logotherapie und Existenzanalyse mach Prof. Dr. Dr. (mult. h.c.) Viktor Frankl vertieft.

Uns wurde klar, wie vernetzt körperliche, psychische, soziale und existenzielle Gesundheit, als tragende Säulen für ganzheitliche Gesundheit und Lebensglück sind.

Daraus ergeben sich Perspektiven, die wir für geeignet halten, Menschen *konstruktiv und humorvoll* aus der Negativspirale von Ängsten, Verunsicherung, Orientierungslosigkeit, krank machenden Fehlhaltungen, Misstrauen gegenüber dem eigenen Körper und daraus resultierender schlechter Lebensqualität zu befreien.

Kernsatz

◆ Unser Anliegen ist es, Betroffenen zu ermöglichen, sich zunehmend aus einer Opferrolle zu befreien und ihnen Perspektiven für die eigene Selbstentfaltung als Grundlage für gesund erhaltendes und gelingendes Leben aufzuzeigen. Wir wollen Menschen Mut machen, allen Herausforderungen und Turbulenzen unserer Zeit zum Trotz, am Gestalten einer wertvollen Zukunft mitzuwirken, indem sie den Blick auf die Möglichkeiten, auf das Wert-Volle richten, die Herausforderungen annehmen, an ihnen wachsen und ihr Denken, Fühlen und Handeln als sinnvoll und glücklich erleben.

Manager sind für uns eine besondere Zielgruppe, da sie als Teil der gesellschaftlichen Elite eine große Verantwortung für Gesundheit, Erfolg und Erfüllung ihrer Mitarbeiter haben. In den heutigen, turbulenten Zeiten sind Manager aber auch besonderen Belastungen ausgesetzt. Dies wird durch Einfügen speziell für Manager gültiger Aspekte unter dem Titel „Manager im Visier" in fast jedem Kapitel des Buches gewährleistet.

„Der Mensch ist immer mehr, als er von sich und ein anderer von ihm weiß." **[Karl Jaspers]**

2. Was Gesundheit, Erfolg und Erfüllung wirklich bedeuten?

◆

Das Leben ist nicht etwas –
es ist die Gelegenheit zu etwas.

[Friedrich Hebbel]

Mensch sein heißt
„intentional" gerichtet sein auf Sinn
und mitmenschliches Sein.

[Viktor Frankl]

Was ist Gesundheit?

„Wer glaubt, er sei gesund, ist nur noch nicht hinreichend untersucht."

[Eckhart Westphal]

Alle wünschen wir uns Gesundheit und Aussagen wie „Hauptsache gesund" sind weit verbreitet. Doch ist Gesundheit wirklich das höchste Gut, ist sie die absolute Voraussetzung für Glück, Zufriedenheit und Erfüllung im menschlichen Leben? Hier drängt sich im Gegenzug die Frage auf: bedeutet physische oder psychische Krankheit oder Behinderung in jedem Fall Unglück und Unzufriedenheit, ja gescheitertes Leben? „Das Interessante ist, dass alle Welt von Gesundheit spricht, aber keiner genau weiß, was das ist."[2] Für Aldous Huxley ist „die Medizin so weit fortgeschritten, dass niemand mehr gesund ist."[3] Lassen wir doch die Weltgesundheitsorganisation (WHO), die für solche Fragen zuständig ist, zu Wort kommen:

„Gesundheit ist ein Zustand des umfassenden körperlichen, geistigen und sozialen Wohlbefindens und nicht lediglich das Freisein von Krankheit und Schwäche". („Health is a state of complete physical, mental and social well-being and not merely the absence of disease or infirmity.")[4]

---

2 Lütz, M.: Vom Gesundheitswahn zur Lebenslust, in Studioheft 46, ORF, Radio Vorarlberg, Herbst 2006 S. 46.

3 Lütz, M.: ebenda.

4 http://www.welt.de/wissenschaft/article1499222/Auslegungssache__wer_ist_wirklich_gesund.html, 28. 7. 2008.

Ist Gesundheit das höchste Gut?

Das wäre ein fantastischer Idealzustand, aber wer ist dann vor dem Hintergrund der Realität überhaupt noch gesund? Könnte es nicht sein, dass diese gut klingende und viel versprechende Definition den Machbarkeitswahn und die weit verbreiteten, überzogenen Erwartungshaltungen des modernen Menschen widerspiegelt? Hundertprozentiges steht uns zu, wir haben nahezu einen Rechtsanspruch auf Gesundheit und Wohlbefinden. Was aber geschieht, wenn sich dieser vermeintliche Idealzustand vor lauter Sorgen und Ängsten um die Gesundheit nicht einstellen will, oder Krankheit oder auch nur Unwohlsein ihn gefährden und kein Vertrauen in die Weisheit und die Selbstheilungskräfte des eigenen Körpers vorhanden ist? Dann suchen wir mit Unterstützung der „Gesundheitsindustrie" und mehr oder weniger seriös informiert durch die Medien nach Schuldigen, meist außerhalb unseres eigenverantwortlichen Handelns und Denkens und finden sie auch: vermeintlich schädigende Lebensmittel, Energieblockaden, Mangelzustände an Vitaminen und Mineralstoffen, Amalgambelastungen, Candidapilze im Darm, Erdstrahlen, Handys, die Schulmedizin, die Umweltzerstörung und der Klimawandel, unmenschlicher Stress am Arbeitsplatz, Gefährdung des sozialen Wohlstandes durch die Globalisierung und unzählige weitere Ursachen. Denn wenn wir trotz eines modernen und hoch technisierten Gesundheitswesens erkranken und uns kleinere oder auch größere Beschwerden und Behinderungen plagen, glauben wir nicht mehr in diese perfektionistisch angehauchte, permanentes Glück, Wohlbefinden, Schönheit und Fitness versprechende westliche Welt zu passen. Für viele Menschen folgt dann entweder Resignation und lähmende Passivität mit Fortführen eines eventuell auch gesundheitsschädlichen Lebensstils oder die rastlose ängstliche Suche nach Pseudoheilung im unerschöpflichen Angebot seriöser und unseriöser Anbieter der „Gesundheitsindustrie".

Wie ist die Realität?

Haben wir vor diesem Hintergrund vielleicht den Boden unserer menschlichen Realität verloren, die Erkenntnis, dass trotz aller gesellschaftlichen Errungenschaften, für die wir im Übrigen größtenteils sehr dankbar sein können, zum Leben das „Sowohl als auch" gehört und wir am Ende alle mehr oder weniger gesund sterben werden?

Nach Friedrich Nietzsche ist „Gesundheit dasjenige Maß an Krankheit, das es mir noch erlaubt meinen wesentlichen Beschäftigungen nachzugehen", Sigmund Freud definiert: „Gesundheit ist die Fähigkeit lieben und arbeiten zu können" und Manfred Lütz zitiert einen erfahrenen Hausarzt mit den Worten: „gesund ist ein Mensch, der mit seinen Krankheiten einigermaßen glücklich leben kann“. Reduzieren wir also vor dem Hintergrund dieser Realitäten unsere Erwartungshaltungen und definieren „dem sowohl als auch“ entsprechend den Gesundheitsbegriff folgendermaßen:

Kernsatz

- Ganzheitliche Gesundheit wird von physischen, psychischen, sozialen und existentiellen Faktoren und deren Zusammenspiel im Sinne eines dynamischen Balancezustandes in positiver wie negativer Weise beeinflusst.

Sie ist dann gegeben, wenn sich ein Mensch aktiv, kreativ und im Einklang mit sich selbst mit Anforderungen, Beeinträchtigungen und Belastungen auseinandersetzt und sich bemüht, den Balancezustand zu jedem lebensgeschichtlichen Zeitpunkt neu wiederherzustellen.

Einladung zum Nachdenken

Leben, vor allem das menschliche verändert sich ständig – körperlich, seelisch und geistig. Wie und wohin es sich verändert, hängt jedoch wesentlich davon ab, ob wir uns an dem Prozess der Veränderung selbst beteiligen. Wir können unser Leben führen, wir können es auch führen lassen. Wir können unsere Ziele selbst bestimmen, wir können die Orte, zu denen wir kommen, auch bestimmen lassen – von außen und auch von innen.

Die Zukunft wird auch nicht weniger Gold im Geröll der Mine haben als all die Jahre zuvor. Wir sollten aber – anders als in den vergangenen Zeiten – das Geröll zwar nicht übersehen, doch viel mehr noch nach dem Gold suchen, das darauf wartet, von uns gefunden zu werden.

[In Anlehnung an Uwe Böschemeyer]

Was ist Erfolg?

„Ich will nicht so wie die meisten Menschen für nichts gelebt haben."

[Anne Frank]

Geht es uns mit dem Erfolg nicht ähnlich wie mit der Gesundheit? Alle wollen wir erfolgreich sein, aber wissen wir eigentlich, was Erfolg wirklich bedeutet? Wie er entsteht, wie er sich weiterentwickeln kann? Wissen wir, was er für uns persönlich bedeutet? Woran wollen wir ihn messen, den Erfolg?

Erfolg könnte definiert werden als das Erreichen geplanter Ziele und als das Eintreten von Erwartungen, oder das Erfüllen von Wünschen. Was passiert aber, wenn die Ziele und Erwartungshaltungen zu hoch sind, wenn wir uns an Zielsetzungen und Erfolgen anderer messen? Was passiert, wenn unsere Erwartungen nicht erfüllt werden? Ist Erfolg gleich Karriere, Macht, Ansehen, Bekanntheitsgrad und Einflussnahme? Zählen glückliche Beziehungen, Selbstentwicklung, Engagement für andere Menschen zum Erfolg? Viel esoterisch untermauerte Ratschlagliteratur füllt die Regale und gibt Antwort und Patentlösungen auf die brisantesten Fragen des Lebens. Patentrezept um Patentrezept, es bleibt jedoch die Frage, warum trotz zunehmender Fülle an Patentlösungen sich immer mehr Menschen nach Erfolg aber noch mehr nach Erfüllung sehnen.

Kernsatz

- Mit raffinierter Marketingtechnik angelockt suchen sie die schnelle Lösung, indem sie auf zum Teil einseitig weltanschaulich geprägte Ratgeber zurückgreifen. Ratgeber, die auf komplizierte Fragen schnelle und einfache Antworten anbieten.

Der Machbarkeitswahn des Zeitgeistes genährt vom wissenschaftlichen und technischen Fortschritt unterstützt die weit verbreitete Fehlhaltung der Planbarkeit und des absoluten Anspruches auf Erfolg, getreu dem Motto: nach oben keine Grenzen. Tatsächlich aber durchkreuzen die Unvorhersehbarkeit der Zukunft und die von uns nicht beeinflussbaren Erfolgsvariablen die absolute Mach- und Erreichbarkeit. In einer schnelllebigen Zeit, wie der unseren, kann durchaus das, was gestern noch erfolgreich war, morgen schon „tödlich" sein. Je mehr wir dem Erfolg hinterherlaufen, desto mehr läuft er uns auch schon davon. Denn Erfolg kann immer nur die Folge eines Grundes, einer Vorleistung sein. Verkennt unsere gängige Auffassung von Erfolg und besonders von schnellem und immer währenden Erfolg nicht häufig die Endlichkeit unseres Daseins und sollten wir nicht, um mit Viktor Frankl[5] zu sprechen: „Begreifen, dass unser Leben endlich ist, damit wir endlich leben können.“? Denn zu guter Letzt: was nützt der Erfolg ohne die Erfüllung?

Wir plädieren daher für folgende Erfolgsdefinition:

- Erfolgreich zu sein erfordert, dass wir als einzigartige Individuen unsere Erfolgsdefinition, unsere Ziele selbst bestimmen und uns nicht fremd bestimmt in vorgegebene Erfolgsklischees pressen lassen.
- Erfolg kann von Menschen „nur“ angestrebt aber nicht in letzter Konsequenz programmiert werden, deshalb müssen wir wissen, welche Erfolgsfaktoren wir beeinflussen können und dies auch konsequent tun.
- Wenn der Erfolg Folge einer Vorleistung ist, sollten wir uns von der „Erfolgstüchtigkeit“ distanzieren und der „Leistungstüchtigkeit“ mit vollem Herzen zuwenden.
- Nachhaltiger Erfolg basiert auf Vertrauen. Vertrauen aber setzt eine ethisch fundierte Geisteshaltung voraus, d.h. wir müssen uns um unsere eigene Vertrauenswürdigkeit permanent bemühen.
- Erfolg bedeutet auch mit Niederlagen, unerfüllten Erwartungen und Misserfolgen umgehen zu lernen und daran zu wachsen. Mit anderen Worten müssen wir wissen, was wir wollen, aber wir müssen auch wollen, was wir bekommen.

---

5 Viktor E. Frankl (26. März 1905–2. September 1997) ist der Begründer der „Dritten Wiener Schule der Psychotherapie“, die er selbst mit dem Doppelbegriff „Logotherapie und Existenzanalyse“ bezeichnete; „Logos“ bedeutet „Sinn“; die Logotherapie ist somit eine sinnorientierte Psychotherapie und die Existenzanalyse repräsentiert das dazugehörige Menschenbild. Frankl war in den Zwanziger und Dreißiger Jahren des 20. Jahrhunderts in Wien Pionier in der Jugendberatung. Die aus der Konfrontation mit den Nöten der Jugend resultierenden Erfahrungen bildeten die Grundlage für die Entwicklung der Logotherapie und Existenzanalyse. Frankl war Professor für Neurologie und Psychiatrie an der Universität Wien. Als Wiener Jude hat er den Holocaust überlebt und wurde nach dem Krieg eine international bekannte und geschätzte Persönlichkeit. Weltweit wurden ihm von Universitäten 29 Ehrendoktorate verliehen. Österreich ehrte ihn mit der höchsten Auszeichnung für wissenschaftliche Leistungen.

Einladung zum Nachdenken

Ein Schachspieler, der von seinen Fähigkeiten überzeugt war, hatte bei einem Spiel Pech gehabt. Bei drei aufeinander folgenden Spielen war er der Verlierer.

Am nächsten Tag traf ihn sein Freund und fragte. „Wie viele Runden habt ihr gestern gespielt?"

Der Schachspieler antwortete: „Drei". „Wie ist die Partie ausgegangen?"

Die Antwort lautete: „Weißt du ich habe die erste Runde nicht gewonnen, mein Gegenspieler hat die zweite Runde nicht verloren. Was die dritte Runde betrifft, so weigert er sich, diese Runde als unentschieden zu deklarieren." **[Nossrat Peseschkian]**

Was ist Erfüllung?

„Wenn ich recht habe muss unser ganzes Denken über das, was wir sind und was andere Menschen sind, umstrukturiert werden. Das ist nicht lustig, und ich weiß nicht, wie viel Zeit wir haben, um es zu erledigen." **[Gregory Bateson]**

Erfüllung – viel kann in diesen Begriff „hineingefüllt" werden. Sind es hochtrabende Wünsche, die in Erfüllung gehen? Ist es Spaß im rein hedonistischen Sinne? Müssen wir von einem Event zum anderen stolpern um uns „bespaßen" zu lassen, weil wir sonst das Leben zu versäumen glauben?

Müssen wir immer wieder Dinge tun, um dabei zu sein, um aufzufallen, die Aufmerksamkeit auf uns zu lenken? Hat Günther Schulze[6] nicht recht, wenn er meint, „wir würden unter Erfolgszwang leben. Wehe uns, wenn uns das Projekt des schönen Lebens misslingt – wozu sind wir sonst auf der Welt?" Ist das nicht eine weit verbreitete Auffassung? Das Leben muss also voll ausgekostet werden, gemessen an allem, was uns der Zeitgeist so vorgibt und was uns „cool" sein lässt. Weil jedoch auch hier trotz wissenschaftlichen Fortschrittes nicht alles so kommt, wie gewünscht, klammert

6 Vgl. Schulze, G.: Kulissen des Glücks, Streifzüge durch die Eventkultur, 2. Auflage, 2000 S. 39.

man sich an kindliche Versprechungen getreu dem Motto August Julius Langbehn's: Die Sehnsucht ist dem Menschen oft lieber als die Erfüllung. Aber gibt es da wirklich nicht mehr als bloße Sehnsucht? Aber selbstverständlich: Glücksteine, oder gar wie im Internet[7] nachzulesen: „ Zaubersprüche helfen bei der Erfüllung Ihrer Wünsche. Betreten Sie die Welt der Magie. Zaubersprüche sollen helfen Wünsche zu erfüllen. Von diesen Worten, tausendmal gesprochen geht eine große Faszination aus."

Viktor Frankl dazu: „Je mehr es dem Menschen um die Lust geht, um so mehr vergeht sie ihm auch schon. Je mehr er nach Glück jagt, umso mehr verjagt er es auch schon."

Wir sind der Meinung, dass Gregory Bateson mit seinem obigen Zitat vollkommen recht hat und dass wir für ein erfülltes, gelingendes Leben zunächst unser „Mensch sein" begreifen müssen. Nur dann legen wir unsere innersten Ressourcen frei und können mit unseren Mitmenschen echte Beziehungen und Begegnungen lebbar und erlebbar machen, eine Sehnsucht, die wir alle zutiefst verspüren. Der französische Philosoph Malebranche schreibt in der Vorrede seines 1674 erschienenen Hauptwerkes: „Von allen menschlichen Wissenschaften, ist die Wissenschaft vom Menschen, die des Menschen würdigste. Dennoch ist diese Wissenschaft nicht die am meisten gepflegte, noch die am meisten ausgebildete, die wir besitzen. Die Allgemeinheit der Menschen vernachlässigt sie völlig." Im 21. Jahrhundert klafft die Schere der wissenschaftlichen Erkenntnisse und der unseres Wissens um unser Menschsein" mehr denn je auseinander. Auf dieses Defizit sind viele unserer heutigen Probleme zurückzuführen; vor allem die, trotz immer zahlreicherer Events und eines unglaublichen Starkultes, weit verbreitete Sinnleere.

Unser Mensch Sein wieder begreifen

Einladung zum Nachdenken

Dem Glück auf die Sprünge helfen

Wir können eine Eisenstange benutzen, um daraus eine gewisse Zahl Hufeisen herzustellen. Durch den Verkauf kann man eventuell den eingesetzten Betrag vervierfachen.

---

7 Vgl.: http://www.misterinfo.de/071011/zaubersprueche-zur-wunscherfuellung, 29. 7. 2008.

Wenn wir aber dieselbe Eisenstange zur Weiterverarbeitung geben und sie schließlich in einer Mechanikerwerkstatt für die Herstellung von Nadeln landet, können die Produkte um das Fünfzigfache des Ursprungspreises Gewinn bringen.
Dient die Eisenstange aber als Ausgangsprodukt für feine Uhrfedern einer Schweizer Uhrenmanufaktur, kann sich der Wert tausendfach steigern.
Der Wert unserer Zeit, die wir im Leben zur Verfügung haben, ist mit der Eisenstange vergleichbar. Es kommt darauf an, was für ein Endprodukt wir mit unserem Energieaufwand im Leben anbieten.

[Nossrat Peseschkian]

Viktor Frankl's Sinnlehre gegen die Sinnleere, wie er sie selbst nannte, zeigt uns Möglichkeiten für ein gelingendes und erfülltes Leben auf. Doch Sinn, so Frankl, erfordert dass wir unser Denken einer kopernikanischen Wende unterziehen.

Ganzheitliche Gesundheit, Erfolg und Erfüllung erfordern, dass wir Denkhaltungen, die uns daran hindern sinnvoll zu leben und zu arbeiten, über Bord werfen, um von einem falschen, faden und fadenscheinigen Leben zu genesen und die zu werden, die wir sein können.

Die Sinnlehre gegen die Sinnleere

Zum Glück brauchen wir also einen Sinn, ein „Wozu" und ein „Warum" für unser Handeln, Leisten, Wirken. Wo Sinn ist, ist Leidenschaft, ist maximale Leistungs- aber auch Leidensfähigkeit, denn wie sagte schon Nietzsche: Wer ein Warum hat, kann fast jedes Wie ertragen.

Wir möchten also Erfüllung folgendermaßen verstehen:

- Erfüllung setzt eine sinnorientierte Lebenseinstellung voraus und erfordert, dass wir uns immer wieder neu erschaffen.
- Erfüllung ist weit mehr als nur dabei sein, Erfüllung ist wirkliches Dasein, ist innerliche, selbstbestimmte Hingabe an Menschen, Aufgaben und Situationen,
- Erfüllung heißt unterwegs sein zu uns selbst, unseren innersten Ressourcen, um unseren Auftrag zu erspüren und zu wissen wozu wir gut sind, womit wir der Welt dienen können und warum es gut ist, dass es uns gibt, wir also wertvoll sind.

- Erfüllung heißt Sinnspuren für sich selbst und andere Menschen zu hinterlassen; bedeutet, das Leben nicht nur zu erleben, sondern in voller Selbstverantwortung zu leben.

Einladung zum Nachdenken

Es gibt keine wirkliche Änderung der Lebenseinstellung ohne Änderung der eigenen Persönlichkeit.
Es gibt keine Änderung der eigenen Persönlichkeit ohne leidenschaftliches Fragen nach dem „Wofür" der Änderung. Es gibt keine Antwort auf die Frage nach dem Wofür der Änderung ohne den Glauben an die Sinnhaftigkeit von Leben.
Es gibt keinen Glauben an die Sinnhaftigkeit von Leben ohne die Suche nach Sinn.
Es gibt keine Suche nach Sinn, ohne Entscheidung für die Suche nach Sinn.
Es gibt keine Entscheidung für die Suche nach Sinn, wenn wir uns vom Leben nicht berühren lassen, vom ganzen heranströmenden Leben.

[Uwe Böschemeyer]

3. Das Konzept der ganzheitlichen Gesundheit, Erfolg und Erfüllung

◆

Ich kann mir nicht vorstellen,
dass etwas einen Menschen mehr befähigt,
subjektive Beschwerden und
objektive Schwierigkeiten zu ertragen
oder zu überwinden, als das Gefühl,
eine Aufgabe zu haben – eine Mission.

[Viktor Frankl]

Die vier Säulen ganzheitlicher Gesundheit

„Was man lernen muss, um es zu tun, das lernt man, indem man es tut." **[Aristoteles]**

Unser Konzept für ganzheitliche Gesundheit, Erfolg und Erfüllung basiert auf dem Tempel-Modell nach Pape, Schwarz und Gillessen[8], in dem 4 Säulen jeweils die physische, psychische, soziale und existenzielle Gesundheit darstellen. Diese Säulen tragen und stützen das Dach „Gesundheit".

Ein neues Gesundheitsverständnis

Der ganzheitlichen Gesundheit stellen wir in unserem Konzept ergänzend die Begriffe Erfolg und Erfüllung zur Seite (siehe Abbildung 1 auf Seite 24).

Selbstverständlich können die einzelnen Säulen nicht isoliert betrachtet werden sondern die vier Komponenten der Gesundheit stehen miteinander in positiver wie auch negativer Wechselwirkung, wie in der folgenden Abbildung deutlich wird. Eine positive oder negative Veränderung in einem Teil hat immer Auswirkungen auf den ganzen Menschen, denn der Mensch ist Einheit trotz Mannigfaltigkeit, so Frankl (siehe Abbildung 2 auf Seite 24).

Wie das Modell anschaulich zeigt, kann Gesundheit auch dann noch gewährleistet sein, wenn 1 oder auch 2 Säulen krankheitsbedingt schwach werden oder sogar wegfallen, solange mindesten 2 starke Ecksäulen das Dach stützen. Somit ist es möglich, vorübergehende oder auch dauerhafte Ausfälle von Teilbereichen der

---

8 Vgl. Pape, D./Schwarz, R./Gillessen, H.: gesund, vital, schlank, 2001, S. 10 ff.

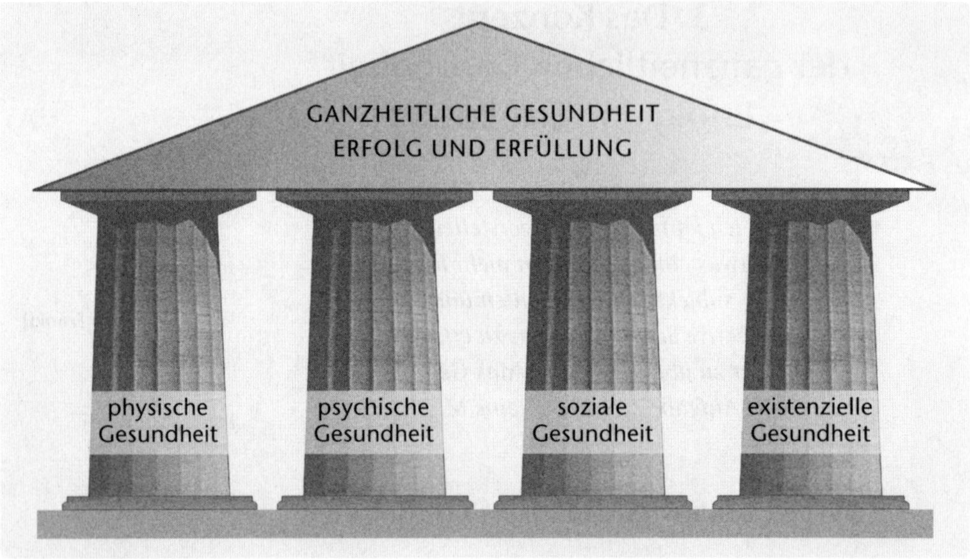

Abbildung 1: **Die vier Säulen ganzheitlicher Gesundheit**

Gesundheit durch andere starke und funktionsfähige Teilbereiche zu kompensieren und somit in unserem oben definierten Sinne gesund zu bleiben.

Erst wenn an drei oder vier Säulen schwere Schäden auftreten, ist die Statik gefährdet und das Dach stürzt ein (siehe Abbildung 3 auf Seite 25).

Die Gültigkeit dieses Modells ist in zwei Situationen eingeschränkt.

1. Es gibt Krankheiten, die schicksalhaft so schwerwiegend sind und so vehement verlaufen, dass eine Kompensation in anderen

Abbildung 2: **Verbundsystem Gesundheit**[9]

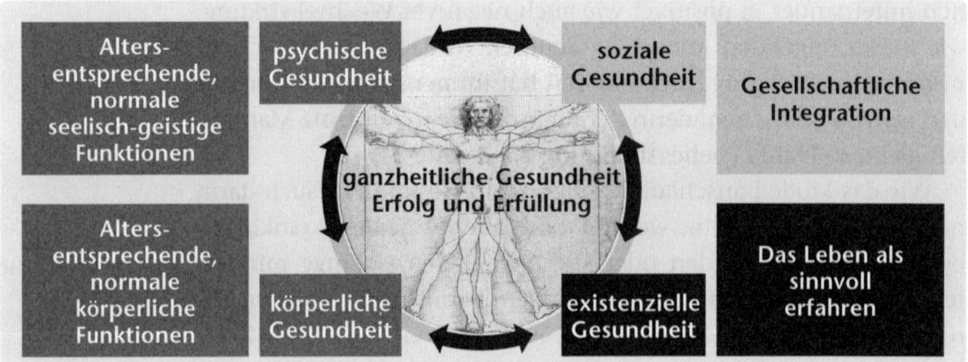

9 Modifiziert nach: Pape, D./Schwarz, R./Gillessen, H.: gesund, vital, schlank, 2001, S. 10 ff.

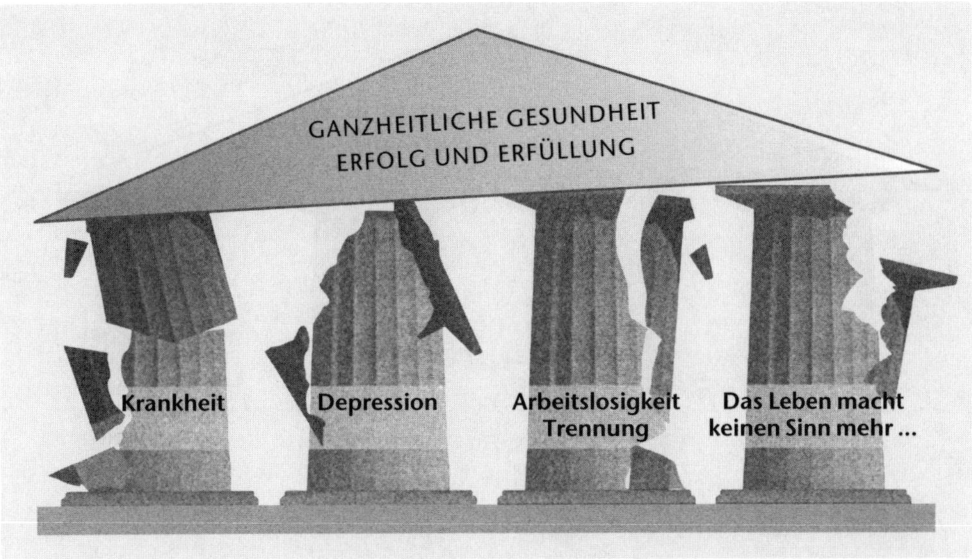

Abbildung 3: **Alle vier Säulen brechen zusammen, das Dach stürzt ein**[10]

Teilbereichen der Gesundheit nicht möglich ist. So kann zum Beispiel eine sehr schwere Depression auch optimal behandelt sehr schnell mit einem Selbstmord enden und eine schwere Krebskrankheit rasch zum Tode führen.

2. Am Lebensende versagen natürlicherweise sämtliche Kompensationsmechanismen.

Betrachten wir nun das Fundament, auf dem die 4 Säulen stehen. Es wird in unserem Modell durch die folgenden Faktoren symbolisiert (siehe Abbildung 4 auf Seite 26):

1. genetische Grundausstattung,
2. soziale und gesellschaftliche Bedingungen,
3. schicksalhafte Faktoren.

Die genetische Ausstattung ist die Basis jeden lebenden Organismus, sein Bauplan. Wie neueste Erkenntnisse der Genetik aber zeigen[11], ist dieses Genom kein stabiler Text, wie bisher angenommen, sondern in Abhängigkeit von Umweltfaktoren ständigen Umbauprozessen unterworfen. Eine revolutionäre Erkenntnis, die die medizinische Forschung vor große Herausforderungen stellt und völlig

10 Pape, D./Schwarz, R./Gillessen, H.: gesund, vital, schlank, 2001, S. 10 ff.

11 Bahnsen, U.: Erbgut in Auflösung, „DIE ZEIT" Nr. 25, 12. 6. 2008.

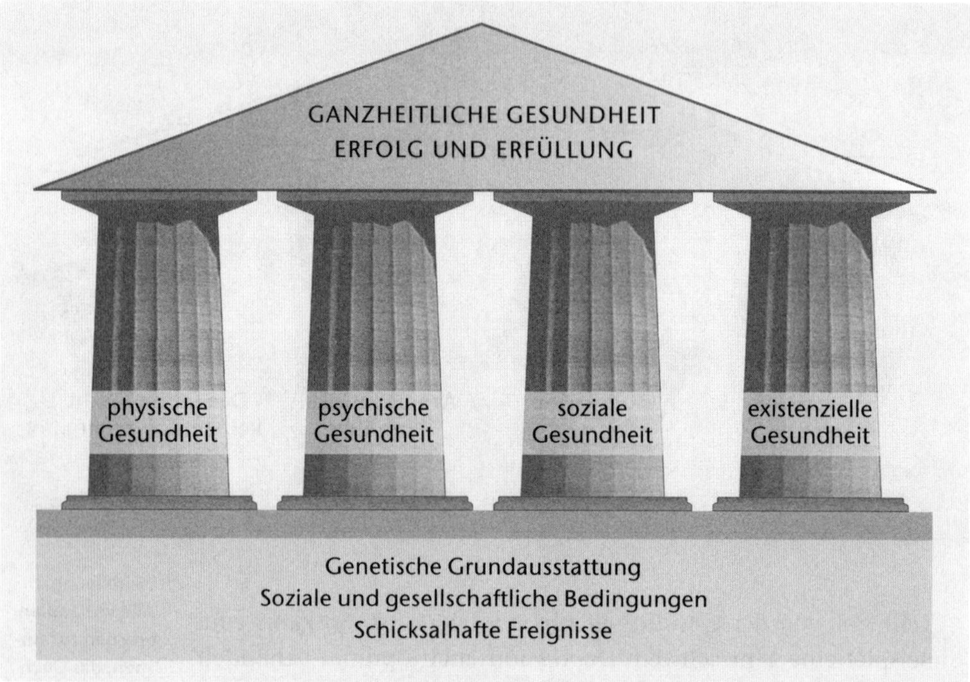

Abbildung 4: **Tempel mit Fundament**

neue Perspektiven eröffnet, deren Konsequenzen wir zum jetzigen Zeitpunkt noch nicht abschätzen können.

Die genetische Ausstattung ist sicherlich eine wichtige Komponente der Gesundheit. Bei reinen Erbkrankheiten, wie z.B. der Bluterkrankheit, der Neurofibromatose oder der Mucoviscidose ist eine krankhaft veränderte genetische Struktur, die von den Eltern an die Nachkommen vererbt wird, als alleiniger Faktor die Basis für Krankheit. Daneben gibt es zahlreiche Krankheiten, bei deren Auftreten eine so genannte genetische Disposition oder Veranlagung mitbeteiligt ist. Hierzu zählen zum Beispiel Allergien, Adipositas, Depressionen und Bluthochdruck.

Eine optimale genetische Ausstattung ist ein schicksalhafter Glücksfall, für die der Auserwählte sehr dankbar sein kann. Da fällt einem sofort der übergewichtige, Alkohol im Übermaß trinkende, rauchende, fröhliche und fitte Neunzigjährige ein, der sein ganzes Leben konsequent jede sportliche Betätigung vermieden hat. Auch um 100 Jahre zu werden, braucht es sicherlich gute Gene.[12]

---

12 Vgl. Bamberger, Ch.: Besser leben, länger leben, 2006, S. 28.

Die meisten Menschen müssen sich aber nach dem „Sowohl als Auch Prinzip“ mit einem mehr oder weniger gesundem Mix genetischer Ausstattung abfinden, sollten daraus das Beste machen und mit Maß und Verstand ihre Gesundheit mit gestalten.

Soziale und gesellschaftliche Bedingungen spielen für die Gesundheit ebenfalls eine wichtige Rolle. So ist die steigende Lebenserwartung in der westliche Welt mit Sicherheit auf die ernorme Verbesserung der allgemeinen gesellschaftlichen Lebensbedingungen, von der man noch vor 150 Jahren nicht zu träumen gewagt hätte, zurückzuführen. Aber auch heute noch sterben in der so genannten Dritten Welt täglich Menschen an Hunger oder an bei uns schon längst besiegten oder zumindest gut behandelbaren Infektionskrankheiten.

Auch in unserer westlichen Wohlstandsgesellschaft hängt die durchschnittliche Lebenserwartung von der sozialen Stellung ab. So leben wohlhabende deutsche Rentner ca. 3 Jahr länger als ihre ärmeren Mitbürger.[13] In einer im New England Journal of Medicine veröffentlichten Studie[14] berichtet eine Arbeitsgruppe der EU über sozioökonomische Ungleichheiten der Gesundheit in 22 europäischen Ländern. Der sozioökonomische Status wurde über den Bildungsabschluss und die Berufszugehörigkeit erfasst. Es zeigte sich, dass in fast allen Ländern die Sterblichkeit und die selbst eingeschätzte Gesundheit in den Gruppen mit niedrigem sozioökonomischem Status deutlich ungünstiger sind im Vergleich zu den besser gestellten Gruppen.

Für die auch in den USA weiter steigende Lebenserwartung zeigt sich dieser Effekt nicht bei allen Bevölkerungsgruppen in gleichem Maße, sondern wirkt sich sehr viel deutlicher bei Personen mit besonders hohem Bildungsniveau aus. Der Titel einer Studie,[15] die in der Zeitschrift „Health Affairs“ veröffentlicht wurde („The Gap Gets Bigger“, Die Kluft wird größer), macht auf das Problem einer zunehmenden sozialen Ungleichheit in den Lebensbedingungen aufmerksam, die nicht nur in den USA beobachtet wird.

Das Ergebnis der Studie zeigt, dass Personen mit überdurchschnittlich hohem Bildungsniveau (Hochschul-Diplom), die im Jahre 2000 ein Alter von 25 Jahren aufwiesen, durchschnittlich da-

---

13 Vgl. Himmelreicher, R. et al.: Die ferne Lebenserwartung von Rentnern und Pensionären im Vergleich, WSI Mitteilungen 5/2008.

14 Vgl.: www.forum-gesundheitspolitik.de/dossier/index602.htm, 21. 9. 2005.

15 Ebenda.

mit rechnen können, 82 Jahre alt zu werden. Bei weniger gebildeten Personen ist diese Erwartung um 7 Jahre niedriger und beträgt nur 75 Jahre.

Aber auch das Zuviel kann krank machen und die Lebenserwartung verkürzen. So hat zum Beispiel die in der Menschheitsgeschichte einmalige ständige Verfügbarkeit von Nahrungsmitteln zu einer bisher ungebremsten Epidemie von ernährungsabhängigen Erkrankungen in der westlichen Welt geführt. Große prospektive Studien zeigen, dass ein steigender Body-Mass Index besonders für den Bereich krankhaftes Übergewicht mit einer zunehmenden Verkürzung der Lebenserwartung verbunden ist.[16] Ein nicht unbedeutender Anteil dieser Nahrungsmittel im Überfluss wird zudem täglich in den Müll entsorgt.

Auch der an sich segensreiche Ausbau der Sozialsysteme hat sicherlich seinen Anteil an der Tendenz, die Verantwortung für das eigene Leben an die Politik und staatliche oder private gesellschaftliche Institutionen zu delegieren.

Die Auflösung familiärer Strukturen, eine zum Teil unsinnige Mobilität, die unkritische Verwendung moderner Kommunikationstechniken, der Wahn ständiger Erreichbarkeit, die Event- und Starkultur und die Ideologie vom ungebremsten Konsum, falls nötig auch auf Kredit, erschüttern und beschleunigen unser Leben und erschweren das Entdecken und Einhalten eines individuell richtigen und gesunderhaltenden Lebensrhythmus.

Sind wir dem Schicksal ausgeliefert?

Die dritte Komponente des Fundamentes, auf dem unsere 4 Säulen der Gesundheit stehen, ist das *Schicksal.* Warum Menschen ohne eigenes Zutun bei Verkehrsunfällen und Naturkatastrophen sterben, ein Kind aus voller Gesundheit und optimal umsorgt tödlich erkrankt oder Menschen trotz regelmäßiger Früherkennungsuntersuchungen an einem Tumorleiden sterben müssen, gehört zu den unerklärlichen Mysterien der menschlichen Existenz und ist eines der Hauptthemen religiöser und philosophischer Dispute.

Manchmal hat man allerdings den Eindruck, dass Menschen das Schicksal nahezu herausfordern, indem sie sich ohne Zwang immer wieder in Situationen begeben, die mit einem erheblichen Risiko für Leib und Leben verbunden sind. Ob als Bergsteiger, Extremsportler, rasender Auto- oder Motorradfahrer, Fernreisender ohne ausreichenden Impfschutz oder Sextourist, man überzieht immer

16 Vgl. Hauner, H. et al.: Prävention und Therapie der Adipositas 2007.

mal wieder das „Schicksalskonto“ und stellt die Schutzengel auf die Probe. Besonders tragisch wird die Situation dann, wenn andere Menschen als Unfallgegner, Retter oder Angehörige von diesem Risikoverhalten mit betroffen sind. Auch hier gilt es, auf der menschlich verständlichen und spannenden Suche nach Herausforderungen und Abenteuern die individuell zu verantwortende Grenze der Vernunft nicht ständig zu verletzen.

> *„Wir müssen aus dem Schlafe aufwachen und unsere Verantwortung sehen.“* **[Albert Schweitzer]**

Sinnfragen

- Für welche genetischen Geschenke können Sie ganz besonders dankbar sein?
- Welche Ihrer sozialen Lebensumstände sind für Sie förderlich?
- Was könnten Sie unternehmen, um den Überziehungskredit beim Schicksal nicht zu stark auszureizen?

4. Vier tragende Säulen für ganzheitliche Gesundheit, Erfolg und Erfüllung und ihre Stabilität vor dem Hintergrund der gesellschaftlichen Realität

◆

Wer am falschen Faden arbeitet
zerstört das ganze Gewebe.

[Konfuzius]

Das Genie bringt Übereinstimmungen
hervor zwischen der Welt, in der es
lebt, und der Welt, die in ihm lebt.

[Hugo von Hofmannsthal]

Die physische Gesundheit

„Die Suche nach Sündenböcken ist von allen Jagdarten die einfachste."

[Dwight David Eisenhower]

Kernsatz

◆ Die physische Gesundheit repräsentiert die dem Alter entsprechende normale Funktion und Beschaffenheit sämtlicher Organe des menschlichen Organismus (siehe Abbildung 5 auf Seite 32).

Störungen oder Krankheiten können

a) nur die Organfunktionen betreffen oder
b) schon mit mehr oder weniger ausgeprägten Organabbau- oder Zerstörungsprozessen einhergehen.

Entsprechend unterscheidet man Befindlichkeitsstörungen und Krankheiten mit gestörter von solchen mit zerstörter Funktion.

Bei vielen Krankheitsbildern sind natürlich beide Komponenten in unterschiedlichem Ausmaß beteiligt wobei mit zunehmendem Alter die Komponente b) immer bedeutsamer wird. Denn beginnend um das 30. Lebensjahr sind in individuell sehr unterschiedlichem Ausmaß Abbauprozesse sämtlicher Körperorgane natürlich und physiologisch. Für den amerikanischen Altersforscher L. Stephen Coles ist daher in Anlehnung an die Erkenntnisse des französischen Arztes Claude Bernard „Altern ein natürlicher Prozess, der mit einer zunehmenden Funktionseinschränkung sämtlicher Organsysteme

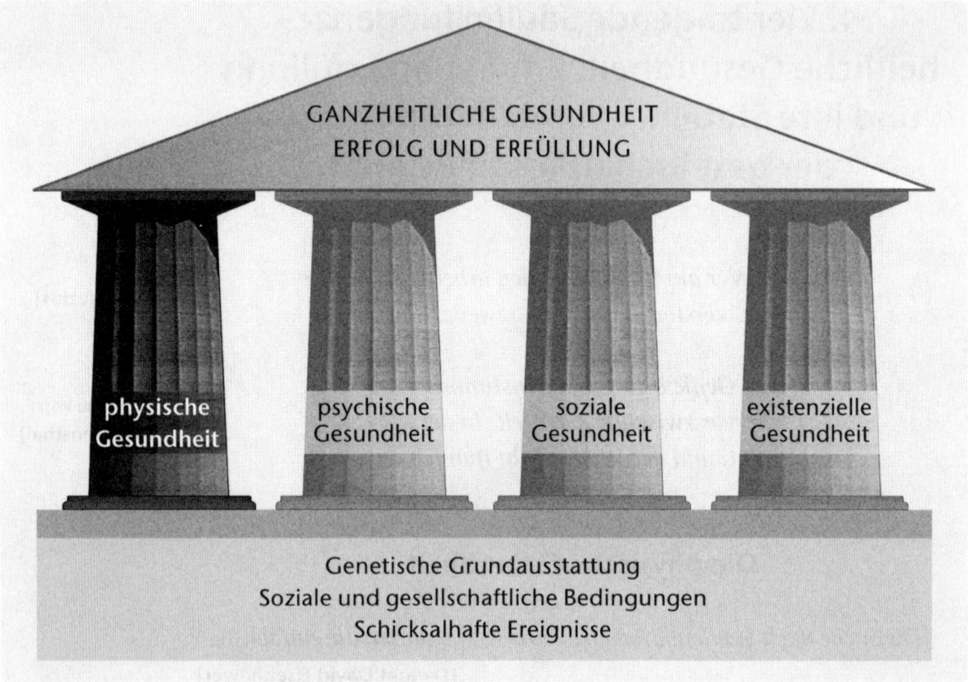

Abbildung 5: **Die physische Gesundheit im Kontext ganzheitlicher Gesundheit**

einhergeht und mit einer zunehmenden Wahrscheinlichkeit zu erkranken und zu sterben verbunden ist".[17]

Auf Grund der enormen Fortschritte der sozialen und hygienischen Lebensumstände und der guten medizinischen Versorgung hat die durchschnittliche Lebenserwartung in der westlichen Welt für Frauen ca. 82 und für Männer ca. 76 Jahre erreicht. Noch im Jahrzehnt 1870–1880 erreichten beide Geschlechter durchschnittlich kaum das 40. Lebensjahr.[18] Eine unglaubliche Erfolgsgeschichte, die uns aber gleichzeitig verpflichten sollte, mit unserem Körper intelligent umzugehen. Denn unsere genetische Ausstattung entspricht im Wesentlichen noch der des Steinzeitmenschen mit einer durchschnittlichen Lebenserwartung von 30 Jahren.

Wir wollen ja in der Regel nicht um jeden Preis alt werden, sondern das Alter möglichst gesund, im Sinne unserer obigen Definition von Gesundheit, erreichen. Entscheidend für unsere Lebensqualität ist somit nicht die *absolute* sondern die *gesunde* Lebens-

17 Vgl. Bamberger, C.: Besser leben, länger leben, 2006, S. 19.

18 Quelle: Statistisches Bundesamt Berlin.

erwartung, die uns noch Gestaltungs- und Handlungsspielraum für ein möglichst selbst bestimmtes, kreatives Leben lässt.

Kernsatz

◆ Dabei müssen wir allerdings gut informiert, gelassen, intelligent und möglichst authentisch im Dialog mit unserem Körper und seinen individuellen Bedürfnissen agieren. Auf keinen Fall sollten wir aber dem Wahn verfallen, unserem natürlichen Schicksal durch angeblich besonders gesundheitsförderliches, unter Umständen sogar fremdbestimmtes Verhalten im Sinne einer „Gesundheitsreligion" entrinnen zu können.

Denn sonst versäumen wir vor lauter Sorgen und Kreisen um uns selbst das tägliche Leben mit all seinen natürlichen Polaritäten, Erlebnissen, Genüssen, Aufgaben und Herausforderungen, die uns zu sinnvollem Handeln und Gestalten auffordern.

Wir müssen also in vernünftiger Weise bereit sein, eigenverantwortlich zu handeln und auch in gesundheitlichen Fragen „Architekten" unseres Lebens zu werden, denn unsere moderne, demokratische Wohlstands- und Leistungsgesellschaft hat bei allen positiven Aspekten durchaus auch ihre Fehlentwicklungen und Gefahren, die Risiken für die Gesundheit darstellen können, wie zum Beispiel:

- Ständige Verfügbarkeit von Nahrungsmitteln mit weit verbreiteter Über- und Fehlernährung. Ganze Heerscharen von Ernährungsmedizinern, Ernährungsberatern und eine Flut von mehr oder weniger seriöser Literatur hat diesen Trend bisher nicht stoppen können. Nach einer Studie der International Association of the Study of Obesity (IASO)[19] sind in Deutschland 74,4 % der Männer und 58,9 % der Frauen übergewichtig, davon 22,5 % respektive 23,3 % krankhaft fettleibig. Unter den Kindern gelten mittlerweile 15 % als übergewichtig mit einer Steigerung um 50 % im Vergleich zum Zeitraum 1985–1999.[20]
  Diabetes und Fettstoffwechselstörungen treten in beängstigendem Ausmaß schon bei Kindern auf.
- Gleichzeitig existiert ein Schlankheitswahn mit Essstörungen auf der Basis eines von zahlreichen Medien verbreiteten unrealistischen Schönheitsideals. Hier sind mit 80–90 % besonders junge Frauen betroffen Die Medizinerin Mareke Arends fand in ihrer Untersuchung mit mehr als 2300 Schülern aus der Stadt Halle,

19 Vgl.: Europastudie der International Society of the Study of Obesity 2007.

20 Vgl.: KiGGS Sudie 2007, Robert Koch Institut Berlin 2007.

dass jedes 10. Mädchen und jeder 50. Junge der Klassenstufe 10 (beide Geschlechter durchschnittlich 6,4 Prozent) bulimische Verhaltens- und Denkweisen zeigte.[21]

- Zunehmende Verbreitung von „convenience food" bei abnehmender Tendenz, trotz unzähliger populärer Kochbücher und Kochevents im Fernsehen, gute Grundnahrungsmittel zu kaufen und selbst zu kochen.
- Eine Medizin für Kranke wird zunehmend zu einer Präventiv- oder Risikomedizin für Gesunde. Durch ständiges Absenken von Normalwerten, so genannter Risikofaktoren, werden gesunde Menschen zu Kranken gemacht und Ängste geschürt. Eugen Roth bringt es mit folgenden Versen auf den Punkt:

Ein Mensch denkt jäh erschüttert dran,
was alles ihm geschehen kann
an Krankheits- oder Unglücksfällen,
um ihm das Leben zu vergällen.
Hirn, Auge, Ohr, Zahn, Nase, Hals,
Herz, Magen, Leber ebenfalls,
Darm, Niere, Blase, Blutkreislauf
zählt er bei sich mit Schaudern auf,
bezieht auch Lunge, Arm und Bein
nebst allen Möglichkeiten ein.

Jedoch, sogar den Fall gesetzt,
er bliebe heil und unverletzt,
ja bis ins Kleinste kerngesund,
wär doch zum Frohsinn noch kein Grund.
Da an den Tod doch stündlich mahnen
Kraftfahrer, Straßen- Eisenbahnen;
Selbst Radler, die geräuschlos schleichen,
sie können tückisch dich erreichen.

Ein Unglücksfall, ein Mord ein Sturz,
ein Blitz, ein Sturm, ein Weltkrieg – kurz
was Erde, Wasser, Luft und Feuer
in sich birgt, ist nie geheuer.
Der Mensch, der so des Schicksals Macht

21 Vgl. Arneds, M.: Epidemiologie bulimischer Symptomatik unter 10-Klässlern in der Stadt Halle [Elektronische Ressource]/(2005).

ganz haargenau bei sich durchdacht,
lebt lange noch in Furcht und Wahn
und stirbt – und niemand weiß woran.
[Eugen Roth]

- Bewegungsmangel schon im Kindesalter.
- Epidemische Ausbreitung von Erkrankungen des Bewegungsapparates. Nie haben sich mehr Orthopäden, Manualmediziner, Schmerztherapeuten, Psychologen, Chiropraktiker, Osteopathen und Heilpraktiker um diese Patienten bemüht, ohne dass hier eine Trendumkehr festzustellen wäre. Die Ursachen sind nicht nur in der Steigerung der Lebenserwartung mit Zunahme der degenerativen Erkrankungen älterer Patienten zu suchen, denn auch schon viele junge Menschen sind von Funktionsstörungen und Schmerzen des Bewegungsapparates betroffen. Diese Tatsache hat auch eine erhebliche sozialmedizinische Bedeutung. Erkrankungen des Bewegungsapparates waren laut einer Studie in Österreich im Jahr 2005 dominierend an erster Stelle, sowohl bezüglich krankheitsbedingten Arbeitsausfalls, als auch als Ursache für geminderte Arbeitsfähigkeit und dauernde Erwerbsunfähigkeit[22] Für den österreichischen Orthopäden Hans Tilscher ist diese Entwicklung die „Reaktion gesunder menschlicher Organismen auf die pathologische Wohlstands- und Leistungsgesellschaft".[23]

Schmerzen des Bewegungsapparates: Konsequenz der heutigen Lebensbedingungen?

- Beschleunigungsideologie und Multitasking erschweren das Einhalten eines individuellen gesundheitsförderlichen Lebensrhythmus.
- Ständige Verfügbarkeit und die Gesundheit gefährdender Konsum von Genussmitteln wie Tabak, Alkoholika oder auch Drogen.
- Individuelles Risikoverhalten mit übermäßiger Exposition gegenüber UVA und UVB Strahlung, Extremsport, Sportdoping, riskanten Sexualpraktiken und Promiskuität.
- Inkaufnahme von unnötigen Gesundheitsrisiken durch Piercing, Tätowierungen oder ästhetisch-chirurgische Operationen.
- Zunehmende, krankmachende Lärmbelästigung, der sich vor allem junge Menschen lebensstilbedingt auch freiwillig aussetzen.

---

22 Vgl. Tilscher, H./Eder, M.: Die Wirbelsäulenschule aus ganzheitsmedizinischer Sicht, 2007, S. 12.

23 Tilscher, Prof. Dr. H.: Zitat anlässlich des Refresher Kurses für Manuelle Medizin Pörtschach 2006.

- Über- und Fehlinformation zu gesundheitsrelevanten Fragen durch zum Teil unseriöse Medien. Auch politisch geförderter Trend, Gesundheit als Ersatzreligion zu etablieren." Die wissenschaftliche Explosion und das Versprechen Gesundheit für alle hat bei den Menschen die Erwartung und Illusion verstärkt, das jede wie auch immer geartete Krankheit sofort behandelt werden könne".[24]
- Spezialisierung und Technisierung der Medizin und gesundheitspolitische Fehlentscheidungen führen zu einer Vernachlässigung der heilsam sprechenden, humanen Aspekte des ärztlichen Handelns.
- Zum Teil völlig unplausible, wissenschaftlich kaum überprüfte oder sogar widerlegte komplementäre Heilverfahren verkaufen Hilfe suchenden Patienten jede gewünschte Pseudokrankheit. Viele auf Grund ihres Lebenswandels unter Befindlichkeitsstörungen leidende Gesunde erhalten endlich ihre Diagnose und werden so zu Kranken.

Können komplementäre Heilverfahren die Lösung sein?

Nasrudin streute Hände voll Brotkrumen rings ums Haus.
„Was machst du denn da?" Fragte ihn jemand.
„Die Tiger fernhalten."
„Aber in dieser Gegend gibt es ja keine Tiger."
„Ja eben! Das Mittel wirkt, nicht wahr?"
[Idries Shah]

Der Kranke als hilfloses Opfer?

Vielen dieser Faktoren sind wir nicht im Sinne von Opfern hilflos ausgeliefert sondern es besteht durchaus individueller Handlungs- und Gestaltungsspielraum. Sicherlich ist es viel bequemer und daher sehr beliebt andere Ursachen, die den Menschen zum Teil von den Medien und auch der Gesundheitsindustrie als verantwortlich für ihre Beschwerden quasi auf dem Silbertablett serviert werden, anzuschuldigen. Bei seriöser wissenschaftlicher Überprüfung erweisen sich allerdings Faktoren wie Amalgambelastungen[25], Candida-

24 Vgl. Engel, A.: Wie viel Unsicherheit vertragen Arzt und Patient? Akademiegespräche 2006 der Südtiroler, Akademie für Allgemeinmedizin, S. 3.

25 Vgl. Zylka-Menhorn, V.: Amalgam-Studie ohne eindeutige Ergebnisse, in: Dtsch. Ärzteblatt 2008, 105(16): A-812.

pilze im Darm[26], Narkosen[27], Mineral- und Vitaminmangelzustände[28] und unzählige andere als wenig bedeutsam.

Besonders die weit verbreiteten Befindlichkeitsstörungen und Krankheiten, denen eine gestörte Funktion zu Grunde liegt, haben einen Appellcharakter. Ein an sich gesunder, weiser Körper reagiert auf ein ihn potenziell schädigendes Verhalten seines Besitzers mit Schmerzen oder Befindlichkeitsstörungen, um Schlimmeres zu verhindern. Hier ist gute Körperwahrnehmung und selbstverantwortliche Verhaltenmodifikation bei gleichzeitigem Vertrauen in die salutogenetischen also gesunderhaltenden Kräfte des eigenen Organismus gefragt. Denn jeder Körper will gesund sein, und dabei sollten wir ihn nach Kräften unterstützen.

„Die Human- und Veterinärmedizin sind gut ausgebaut, aber wer behandelt den inneren Schweinehund?" **[Gerhard Kocher]**

Sinnfragen

- Wie würden Sie Ihre physische Gesundheit einschätzen?
- Wo sehen Sie Gestaltungsmöglichkeiten für eine gesundheitsförderliche Lebensweise.
- Was möchten Sie diesbezüglich noch unternehmen?

Die psychische Gesundheit

„Der Körper ist der Übersetzer der Seele ins Sichtbare."
[Christian Morgenstern]

(Siehe Abbildung 6 auf Seite 38.)

Kernsatz

- Psychische Gesundheit ist ein Zustand des normalen Funktionierens des Verstandes, der mentalen Funktionen, des Denkens und des Fühlens, der ganzheitliches Wohlbefinden und kreative und produktive Leistungen gewährleistet. Erfüllende Beziehungen zu anderen Menschen und die Fähigkeit zur Anpassung an Veränderungen und zur Bewältigung von Problemen setzt psychische Gesundheit voraus.

26 Vgl. Weig, M.: Keine Angst vor Candida „, Der Tagesspiegel", Berlin 11. 12. 2005.

27 Vgl.: www.aerzte-bl.ch/extern/HTML/der_arzt_raet/operationen/nachwirkungen.html. Nachwirkungen nach Narkosen, ein echtes Problem?, 6. 8. 2008.

28 Vgl. DGE aktuell: Deutschland ist kein „ Vitaminmangel-Land", 9. 9. 2003.

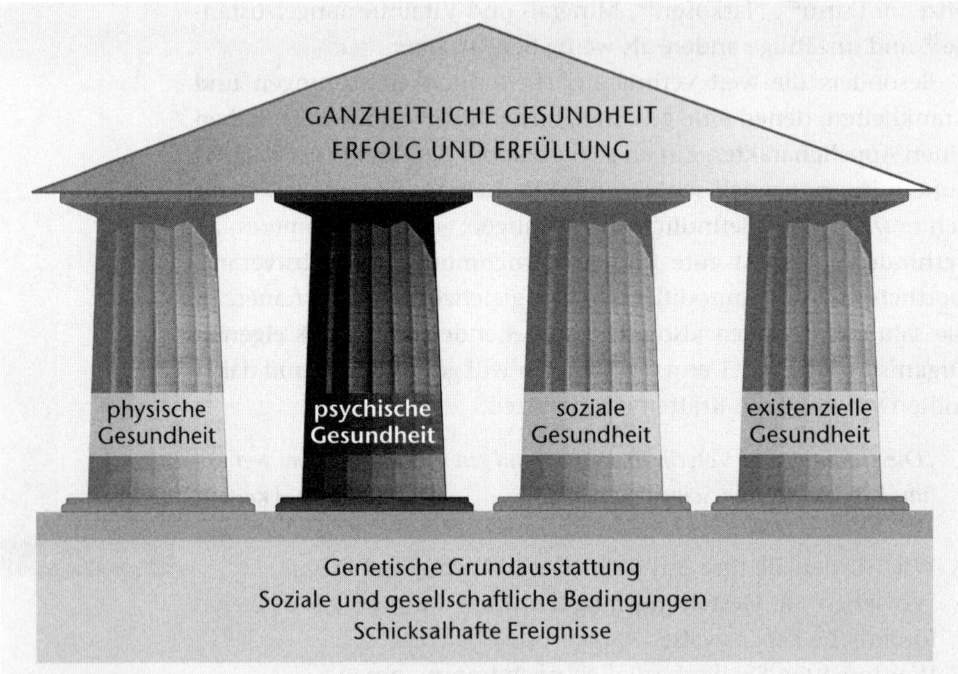

Abbildung 6:
Die psychische Gesundheit im Kontext ganzheitlicher Gesundheit

Gesunde Menschen haben eine hohe psychische Kompetenz und eine stabile psychische Verfassung: Selbstsicherheit, Selbstvertrauen, Vertrauen in die Zukunft, Frustrationstoleranz und die Überzeugung, Probleme lösen zu können. Eine hohe Wertschätzung für sich selbst und andere Menschen kombiniert mit der Akzeptanz eigener Stärken aber auch Schwächen, wirkt positiv auf Selbsterleben und soziale Beziehungen.[29]

Störungen der psychischen Gesundheit bedeuten für den Betroffenen erhebliches Leiden und eine Beeinträchtigung seiner Lebensqualität mit zahlreichen Auswirkungen auf die anderen Aspekte seiner Gesundheit und seines sozialen Umfeldes. Epidemiologische Untersuchungen in Deutschland wie auch weltweit zeigen eine zunehmende Häufigkeit psychischer Störungen bei Erwachsenen und sogar schon im Kindesalter. Am häufigsten vertreten sind Depressionen und Angststörungen, gefolgt von somatoformen Störungen und Suchterkrankungen.[30] Nach Hochrechnungen der

29 Vgl.: www.frankfurt.de/sixcms/detail.php?id=2820.

30 Vgl. Bühren, A. et al.: Psychische Erkrankungen: Alle Fachgebiete sind gefordert, in: Dtsch. Ärzteblatt 2008.

Weltbank und der US- amerikanischen Harvard Universität werden depressive Erkrankungen im Jahr 2020 an zweiter Stelle aller weltweiten Erkrankungen stehen, wenn man ihre sozioökonomischen Auswirkungen für die Gesellschaft betrachtet.[31] Nach R. J. Börner[32] treten entsprechend einer WHO Studie behandlungsbedürftige Angsterkrankungen in deutschen allgemeinmedizinischen Praxen mit einer Prävalenz (Häufigkeit zu einem bestimmten Zeitpunkt) von 10% auf. In nahezu epidemischen Ausmaßen verbreitet sich unter Kindern ADHS, das auch unter dem Begriff Zappelphilipp-Syndrom bekannt ist. Zur medikamentösen Behandlung dieser psychischen Störung gibt der Arzt und Sozialmediziner Hartmut Amft an[33]: „Im Jahr 1985 wurde in Deutschland von 10000 Kindern eines mit Ritalin behandelt, dem konzentrationsfördernden Methylphenidat, im Jahr 2000 galt bereits eines von hundert Kindern als Ritalin-bedürftig". Die Ursache: wirklich immer eine Funktionsstörung des Gehirns, eine Pathologisierung abweichenden Verhaltens oder Konsequenz kindlicher Lebensbedingungen in der Wohlstands- und Leistungsgesellschaft?

Gerade bei psychischen Störungen ist nämlich die Schwelle von noch normalen Schwankungen und Beeinträchtigungen des psychischen Befindens zur Krankheit letztlich fließend und von individuellen Lebensumständen, den gesellschaftlichen Normen und dem Zeitgeist abhängig. Nehmen seelische Krankheiten wirklich zu, oder werden sie heutzutage eher wahrgenommen und diagnostiziert; oder sogar von der Pharmaindustrie, Ärzten, Selbsthilfegruppen und den Patienten selbst erfunden, wie es Werner Bartens auch für bestimmte psychische Störungen in seinem Buch behauptet?[34] Dies erinnert an folgende Geschichte:

Einladung zum Nachdenken

Ein Mechaniker saß gemütlich in einer Kneipe und trank sein viertes Glas Wein. In diesem Augenblick platze ein Mann herein und sagte zu

31 Vgl. Bühren, A. et al: Psychische Erkrankungen: Alle Fachgebiete sind gefordert, in: Dtsch. Ärzteblatt 2008.

32 Vgl. Boerner, R. J.: Angsterkrankungen, Diagnose und Therapie aus hausärztlicher Perspektive, in: MMW Sonderheft 2 2006.

33 Vgl. Leuzinger-Bohrleber, M. et al.: ADHS Frühprävention statt Medikalisierung, 2006. S. 70 ff.

34 Vgl. Bartens, W.: Die Krankmacher, 2005.

ihm: „Deine Frau liegt im Sterben! Beeile dich! Die Arme: Als sie auf eine Leiter kletterte, um die vollen Marmeladegläser auf den Schrank zu stellen, ist sie heruntergefallen, und jetzt liegt sie in den letzten Atemzügen.!"
Der Mechaniker warf sein Glas um und rannte nach Hause. Unterwegs sprach er zu sich: „Ich verstehe nicht – auf welchen Schrank? Wir haben gar keinen Schrank! Was für Marmelade? Ich kann mich nicht erinnern, dass wir jemals Marmelade gekocht hätten. Woher kommt die Leiter in unsere Wohnung? Wir haben keine Leiter." Plötzlich ist er stehen geblieben – laut sagte er zu sich: „Welche Frau? Ich habe doch keine Frau!!!" **[Nossrat Peseschkian]**

Die sozialmedizinische Bedeutung dieser Erkrankungen ist nicht zu unterschätzen. Nach Hubert K. Rampersad kosten allein stressbezogene Krankheiten in der Europäischen Union jährlich 26 Milliarden Euro.[35]

Angsterkrankungen, Depressionen, Schizophrenien und andere schwere psychische Störungen erfordern natürlich eine umfassende fachärztliche Behandlung mit Psychopharmaka, psychotherapeutischen Verfahren und flankierenden sozialen Maßnahmen.

Der Imperativ immer und überall top-fitt zu sein

Es besteht aber dem Zeitgeist entsprechend der Trend, auch im psychischen Bereich ständiges Wohlbefinden im Sinne permanenter Glücksgefühle, geistiger Frische und Schlagfertigkeit, unerschütterlichen Selbstbewusstseins, bester Stimmung und positiven Denkens, also psychischer Topfitness für jeden Menschen zu jedem Zeitpunkt zu verlangen, um für den täglichen Kampf um Erfolg und Karriere und den hektischen Alltag bestens gerüstet zu sein. Normale Schwankungen des psychischen Befindens werden kaum akzeptiert und auch hier schnell zu Krankheiten stilisiert. Die konstante psychische Topform bleibt allerdings trotz moderner Psychopharmaka, Heerscharen von Psychiatern, Psychotherapeuten, Psychologen, Trainern, mehr oder weniger seriöser Ratschlagsliteratur und weit verbreitetem Konsum von stimmungsaufhellenden Drogen wie Alkohol, Haschisch, Extasy oder Kokain eine unrealistische Illusion. Viele dieser heute so populären und hoch gelobten psychischen Eigenschaften entsprechen im übrigen nicht dem individuellen Charakter der betreffenden Person, dass heißt sie müssen unter

35 Vgl. Rampersad, H. K.: Personal Balanced Scorecard, 2006, S. 130.

Aufgabe der Authentizität künstlich antrainiert werden oder man versucht sie mit „Psychodoping" zu garantieren. Sie sind zum Teil auch Epiphänomene, Gefühle die nicht gezielt angestrebt werden können, sondern zu deren Vorhandensein es einen Grund braucht. So stellt sich zum Beispiel das so genannte Bewährungsglücksgefühl erst dann ein, wenn man sich in irgendeiner Weise bewährt hat und auch für ein starkes Selbstbewusstsein braucht es immer einen Grund.

Was gefährdet unsere psychische Gesundheit?

Welche konkreten Risiken für die psychische Gesundheit bestehen in unserer Wohlstands- und Leistungsgesellschaft? Es sind Faktoren, die unser Leben immer unsicherer, unruhiger, beschleunigter, hektischer, beängstigender, zielloser, fremdbestimmter, hedonistischer, egoistischer und rücksichtsloser machen. All diese Stress- erzeugenden Faktoren können die Seele be- und überlasten, mit entsprechenden Konsequenzen für die psychische Gesundheit.

- Auflösung des Lebensmodells Großfamilie mit Wegfall der generationenübergreifenden Hilfe und Solidarität.
- Bei Partnerschaftskonflikten schnelle Trennung mit Alleinerziehen der Kinder oder Suche nach neuen Lebensabschnittspartnern. Bildung so genannter Patchwork Familien, die ein hohes Maß an Flexibilität und Anpassungsfähigkeit gerade von den Kindern erfordern.
- Überzogene und idealisierende Anforderungen in der Partnerwahl. Die Psychotherapeutin Boglarka Hadinger verglich die in Heiratsanzeigen geäußerten Minimalanforderungen an potenzielle Ehepartner heute mit denen nach den Weltkriegen des vorigen Jahrhunderts[36]; damals war für Frauen „lediglich" die Eigenschaften sauber, fleißig und kinderlieb erwünscht, für Männer seriös, verbeamtet und Nichttrinker. Heute erwartet man, emotional aufgewühlt durch Medien und Ratschlagsliteratur, in jeder Beziehung den perfekten Traummann bzw. die Traumfrau.
- Weitverbreiteter Missbrauch von Alkohol und Drogen vor allem Kokain, um mit „Psychodoping" den überzogenen Anforderungen in manchen Berufsbranchen gerecht zu werden.
- Die Ideologie des ständigen quantitativen Wirtschaftswachstums macht es bei bereits weitgehender Sättigung des Marktes mit ma-

36 Vgl. Hardinger, B.: Methodenseminar für Logotherapie, Tübingen 2006.

teriellen Gütern notwendig, Menschen, und besonders Kinder und Jugendliche, mit immer neuen Werbetricks zum Konsum zu verführen. Berge von Werbeprospekten landen im Briefkasten, das tägliche Leben wird durch ständige Werbeanrufe von Call Centern terrorisiert. Gleichzeitig werden Kredite in unverantwortlicher Weise fast aufgedrängt, wodurch viele Menschen in die Schuldenfalle geraten.

Was Kinder unglücklich macht

- Schwierige Lebensbedingungen für Kinder: materieller Überfluss, wenig Freiräume zum Toben und zu phantasievollem Spiel, zu wenig aber auch überstrukturierte Tagesabläufe, mangelhafter Schutz vor Reizüberflutung, wenig Rückzugs- und Ruhemöglichkeiten und Mangel an festen Bezugspersonen.
- Kommunikationsoverkill und Erreichbarkeitswahn erschweren das Auffinden von Zonen der Ruhe.
- Überflutung mit Informationen, die aber nicht zu Wissen verknüpft werden können und deren Wahrheitsgehalt häufig nicht überprüfbar ist, beunruhigen und machen misstrauisch. Überinformiertheit verhindert den passenden Lebensstil zu finden und endet oft mit dem Überschreiten der Grenze von der Vernunft zum Ich Kult und Aberglauben.

Einladung zum Nachdenken

Auf dem Hühnerhof erkrankte der Hahn so schwer, dass man nicht damit rechnen konnte, dass er am nächsten Morgen krähen werde. Die Hennen machten sich darauf hin große Sorgen und fürchteten die Sonne werde an diesem Morgen nicht aufgehen, wenn das Krähen ihres Herrn und Meisters sie nicht rufe. Die Hennen meinten nämlich, dass die Sonne nur aufgehe, weil der Hahn kräht. Der nächste Morgen heilte sie von ihrem Aberglauben. Zwar blieb der Hahn krank, zu heiser, um krähen zu können, doch die Sonne schien, nichts hatte ihren Gang beeinflusst. **[Abul-Baha]**

- Zunehmende anonyme Kommunikation durch das Handy und das Internet, statt menschlicher Begegnung, führt zur Vereinsamung.
- Verkürzung der Schulzeit, eine Maßnahme, die bei der allgemein steigenden Lebenserwartung besonders unsinnig erscheint. Schon Erstklässler werden einem extremen Leistungs-

und Selektionsdruck ausgesetzt. Veraltete Bildungseinrichtungen machen die hektische Suche nach immer neuen wenig nachhaltigen Schul- und Universitätskonzepten notwendig. Echte Bildung verkommt zum Anhäufen von verdichtetem Spezialwissen, denn Abiturienten sollen schon mit 17 der „Ökonomie" zur Verfügung gestellt werden. Für die ganzheitlich-intellektuelle Entwicklung junger Menschen ebenfalls wichtige Faktoren wie nicht leistungsorientierte Hobbies, Erwerben praktischer Fähigkeiten, Muße, Freundschaften und auch mal Langeweile werden geopfert. Erschreckend niedriges Bildungsniveau von Kindern und Jugendlichen innerhalb so genannter bildungsferner Schichten und Parallelgesellschaften.

- Der Wegfall tradierter gesellschaftlicher Werte, die Permissivität und der Relativismus, im Sinne von „alles ist möglich und erlaubt", überfordern den Einzelnen und die Gesellschaft und führen zu Orientierungslosigkeit und Verunsicherung.
- Die immer kürzere Halbwertszeit des Wissens und der rasante technologische Fortschritt erfordern ein lebenslanges Lernen und persönliche Flexibilität, die leistungsschwächere und weniger gebildete Menschen überfordert und ängstigt.
- Globalisierung und weltweite Konkurrenz führen zu rasanten gesellschaftlichen Veränderungen, bedrohen die Fundamente unserer sozialen Marktwirtschaft und der Sozialsysteme und erzeugen Verteilungskämpfe und Zukunftsängste; es drohen prekäre Arbeitsverhältnisse, Arbeitslosigkeit und der soziale Abstieg.

Vielen dieser Faktoren sind wir nicht im Sinne von Opfern hilflos ausgeliefert, sondern es besteht auch hier durchaus individueller Handlungs- und Gestaltungsspielraum, um Gefahren für unsere psychische Gesundheit abzuwenden.

„Es ist ein ungeheures Glück, wenn man fähig ist, sich freuen zu können." **[George Bernard Shaw]**

Sinnfragen

- Welche positiven Aspekte der psychischen Gesundheit leben Sie bereits?
- Welche Aspekte möchten Sie noch zusätzlich realisieren?
- Welche Ihrer bisherigen Einstellungen möchten Sie gerne ändern?

Manager im Visier

„Die Bilder des Lebens sinken in dich nicht wie Schätze, in dir zu ruhen, sondern wie Samen, die in dir wachsen.“ [Ludwig Strauss]

Die Gesundheit jeder vierten Führungskraft in Deutschland ist gefährdet. Zu diesem Ergebnis kommt eine Untersuchung des Instituts für Arbeits- und Sozialhygiene Stiftung (IAS) in Karlsruhe.[37] Damit ist der rein medizinisch erfassbare Gesundheitsstatus der Manager erstaunlicherweise sogar etwas besser, als der der Allgemeinbevölkerung.[38]

Wie ist diese Ergebnis zu interpretieren? Der Gesundheitsstatus der Allgemeinbevölkerung wird statistisch durch die erheblich schlechtere Gesundheit der bei der Berufsgruppe der Manager nicht existierenden sozialen Randgruppen und bildungsfernen Schichten „verfälscht“. Würde man diese Gruppen in der statistischen Berechnung herausnehmen, wäre der angeblich bessere Gesundheitszustand der Manager wahrscheinlich nicht mehr nachweisbar.

Sind Manager besonders gefährdet?

Managern drohen lebensstilbedingt viele spezifische Risiken:

- Vier Fünftel der Top-Manager arbeiten mehr als 50 Stunden pro Woche. Die Hälfte der Top-Leader mit einem Jahreseinkommen über 200 000 Euro kommt gar auf eine 60- bis 70-Arbeitsstunden-Woche.[39]
- Der überwiegend sitzende Arbeitsalltag ist mit Aufgaben überladen und im Hinblick auf regelmäßige Mahlzeiten, Erholungs- und Entspannungsphasen sowie gesundheitswirksame Bewegung schwierig zu strukturieren; es herrscht ein gnadenloser Termindruck; das Leben läuft auf der Überholspur.
- Die Internationalisierung zwingt Manager auch mittelständischer Unternehmen häufiger weltweit mit dem Flugzeug in verschiedene Zeitzonen zu reisen; diese Zeitumstellung fordert in Form des Jetlags ihren Tribut: schlechte Schlafqualität, Schlafmangel und Tagesmüdigkeit gefährden die Arbeitsproduktivität und beeinträchtigen die Lebensqualität.
- Manager sind oft auch für längere Zeiträume von ihren Lebenspartnern oder Familien getrennt, viele führen Wochenendbezie-

---

37 www.gesundheitstrends.de/service/serie/stress.php; 5. 9. 2008.

38 www.ihk-muenchen.de/.../ihk_magazin/Magazin_032008/; 5. 9. 2008.

39 www.sueddeutsche.de/jobkarriere/berufstudium/artikel/649/151271/; 5. 8. 2008.

hungen; das kann für alle Beteiligten sehr problematisch sein und zu schwerwiegenden Konflikten führen.

- Manager müssen ihre Mahlzeiten häufig in Flughäfen, Flugzeugen, Hotels oder Restaurants einnehmen.
- in einem Artikel im Handelsblatt mit Interview von Bernd Sprenger, Chefarzt und Psychotherapeut der privaten Oberbergklinik in Brandenburg, berichtet die Autorin, dass „Angststörungen und Panikattacken immer mehr Führungskräfte befallen, denn der wirtschaftliche Druck steigt. Behandelt aber werden die meisten erst, wenn ihnen ein normales Leben nicht mehr möglich ist. Der Grund: Anders als der Herzinfarkt – der Ritterschlag unserer Leistungsgesellschaft – ist Angst ein absolutes Tabuthema. In der Geschäftswelt gilt: Ein Indianer kennt keinen Schmerz und schon gar keine Angst. Viele haben sich von ihren Gefühlen abgekoppelt, dafür ist die Frau zu Hause zuständig. Verbissen eifern sie dem Ideal des furchtlosen Managers nach“.[40]

Wie gehen Manager mit Angst um?

- „Die Koks Nasen auf deutschen Chefsesseln. Alkohol, Tabletten, Kokain: Ärzte registrieren immer öfter Manager mit Drogenproblemen“. So lautet die Schlagzeile eines Artikels vom 15. 6. 2008 in „Welt Online, Wirtschaft“. „Die Führungskräfte wollen ihre Leistung steigern und sich bei Misserfolg betäuben“. „Zwar weiß keiner genau, wie viele Manager tatsächlich Tag für Tag im Büro ihre Sucht kaschieren müssen. Denn Suchtprobleme gehören, wie Angelika Nette, Expertin für Suchtprävention am Arbeitsplatz, es formuliert, „aus Angst vor Imageverlust zu den bestgehüteten Geheimnissen von Unternehmen“. „Doch hinter vorgehaltener Hand kursieren immer wieder Geschichten von Investmentbankern, Managern, Unternehmenschefs, die ihr Ego zunächst nur versuchsweise mit Beruhigungsmitteln oder leistungssteigernden Drogen füttern und schließlich in die Abwärtsspirale der Sucht geraten“.[41]

Alle diese Faktoren können Stressoren sein; Faktoren, die den Stress-Mechanismus aktivieren. Abschließend nun noch einige Erläuterungen zu diesem populären, überall diskutierten Schlagwort des Zeitgeistes.

40 www.handelsblatt.com/unternehmen/strategie/wenn-manager-angst-haben;1159223; 5. 9. 2008.

41 www.welt.de/wirtschaft/article2106417/Die_Koks_Nasen_auf_den_deutschen_Chefsesseln.html.

Die Stressreaktion ist eine universelle, körperliche und automatische Reaktion auf eine Bedrohungen des Organismus und nicht die Bedrohung selbst. Im Rahmen der Stressreaktion kommt es zu zahlreichen körperlichen, seelisch- geistigen und hormonellen Reaktionen, die in ihrer Gesamtheit dazu dienen, einer akuten Bedrohung (Angriff eines Tieres oder Gegners, drohender Unfall etc.) unter rascher Mobilisierung aller zur Überwindung dieser Gefahr notwendigen körperlichen und geistigen Kräfte durch Flucht oder Kampf zu entkommen.

In der Evolution hat sich dieses System genial perfektioniert und der Menschheit das Überleben und die Verbreitung der Species „homo sapiens" ermöglicht. Genetisch haben wir uns in den Jahrmillionen unserer Evolution kaum verändert und werden im Wesentlichen immer noch von der „Software" des Steinzeitmenschen gesteuert; der Lebensstil jedoch hat sich in den letzten 150–200 Jahren radikal verändert im Sinne von

- permanentem Einwirken unzähliger Stressoren,
- fehlender körperliche Aktivierung im Rahmen der Stressreaktion, denn Flucht oder Kampf sind kaum noch nötig,
- höherer Lebenserwartung.

Darauf ist das Stress-System nicht vorbereitet und kann daher, entgegen seiner ursprünglichen Bedeutung, Krankheiten verursachend reagieren. Um dies zu verhindern muss der moderne Mensch ein Lebenskünstler sein oder werden, um die Stressreaktion zu verstehen und gesunderhaltend lenken zu können.

„Wer die Weltprobleme allein von einem wirtschaftlichen oder naturwissenschaftlichen Standpunkt aus betrachtet, der wird die heutige Krise nicht überwinden helfen, er verschärft sie." **[Knut Bleicher]**

„Das Gesetz der Zurückhaltung ist bestimmt, durch das Recht der Herzlichkeit durchbrochen zu werden." **[Albert Schweitzer]**

Die soziale Gesundheit

„Zwischen unserem Glück und dem Leid der anderen besteht eine tiefe Verbindung." **[Dalai Lama]**

Positive Einbindung in die sozialen Strukturen der Gesellschaft, Familie, Schule, Universität, Freundeskreis, Vereine und Beruf gewährleistet soziale Gesundheit (siehe Abbildung 7).

Solche Netzwerke gewährleisten Sicherheit besonders in persönlichen Krisensituationen und ermöglichen im Gegenzug Sinnvolles für andere Menschen und die Gesellschaft zu leisten. Solidarität, Engagement, Hilfsbereitschaft, Mitgefühl, Gemeinschaftserlebnisse beim Essen, in der Natur, beim Sport, im Beruf oder im kulturellen Leben, die Sicherheit zu einer Gruppe dazu zu gehören und etwas bewirken zu können unterstützen die soziale Gesundheit. Auch Konflikte auszuhalten und kreativ zu lösen schafft tiefe Befriedigung und Glücksgefühle.

Der Mensch wird nicht allein als psychosomatisches Wesen wahrgenommen, vielmehr vor allem als Wesen, das für seine Lebensgestaltung Verantwortung übernehmen und schöpferisch sein

Abbildung 7: **Die soziale Gesundheit im Kontext ganzheitlicher Gesundheit**

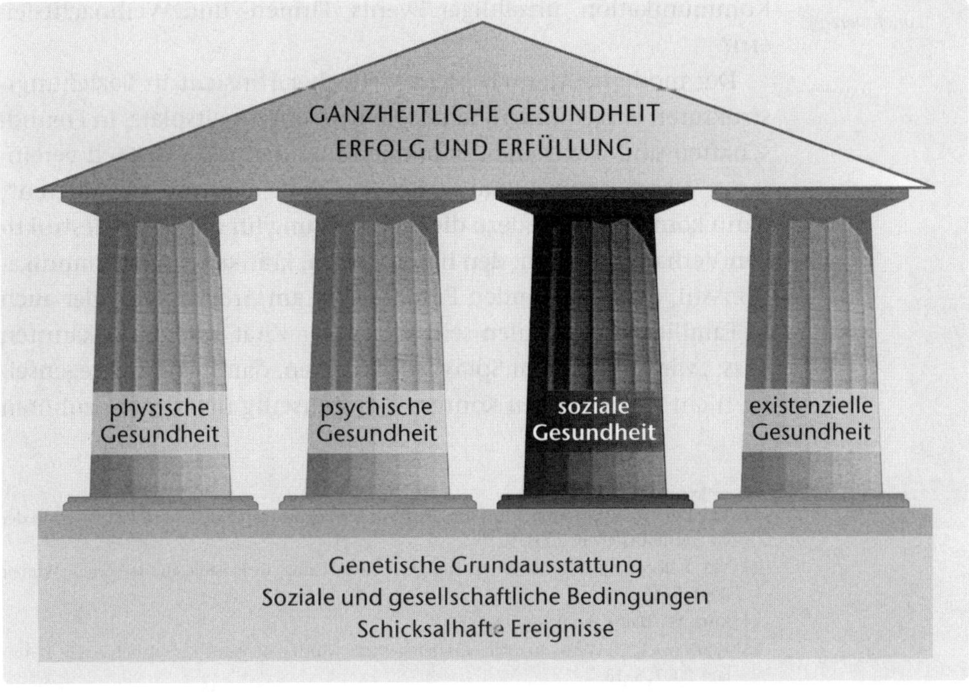

kann: in der Beziehung des Menschen zu sich selbst und zu anderen Menschen, in der Beziehung des Menschen zur Natur und in der Beziehung zur Kultur.[42] Der Mensch erlebt sich als sozial gesund, wenn ihm ein freier und verantwortlicher Austausch mit sich und seiner Welt gelingt.[43] Wir Menschen sind soziale Wesen und können uns nur an anderen Menschen selber erfahren. Schon Nietzsche sagte:

„Mein Ich wird erst am Du zum Ich."

Alles, was wir über uns selbst wissen und erfahren, können wir nur im Kontext von Beziehungen verstehen. „Keiner kann auf Dauer isoliert sein. Ein isolierter Mensch ist ein zum Tode verurteilter Mensch. *Der Mensch ist ein Wesen des Austausches. Er will kommunizieren: Gedanken, Gefühle, Meinungen, Erkenntnisse zum Beispiel."*[44]

Warum destruktive Verhaltensweisen immer mehr zunehmen

Anders als dieser menschlichen Natur entsprechend ist leider aber vielfach die Realität. Paul Watzlawick trifft den Nagel auf den Kopf, wenn er meint, „dass es an der Zeit sei, uns der barocken Hölle menschlicher Beziehungen zuzuwenden.[45] Woher kommt sie die barocke Hölle? Wo liegen die Ursachen? Wo liegen die Gründe für unsere Beziehungsarmut trotz vielfältigster technischer Mittel der Kommunikation, unzähliger Events, Firmen- und Weihnachtsfeiern?

Der moderne Mensch ist in vielfacher Hinsicht in Beziehungsstrukturen eingebunden. In der Familie, am Arbeitsplatz, in Freundschaften und Netzwerkbeziehungen und dennoch vielfach vereinsamt. Wenn Sartre einmal sagte:" Die Hölle, das sind die anderen", dann könnte das geradezu die Beschreibung für die vielen destruktiven Verhaltensweisen, den hemmenden, kränkenden Kommunikationsstil, den wachsenden Psychoterror am Arbeitsplatz oder auch in Familien und Schulen sein. Ist es so – Zitat eines Unbekannten dass: „wir immer mehr Sprays produzieren, damit wir uns gegenseitig nicht mehr riechen können"? Gegenseitig nicht mehr zuhören

42 Vgl. Kurz, W.: Programmschrift des Instituts für Logotherapie und Existenzanalyse an der Universität Gießen, 2003, S. 10.

43 Vgl. Kolbe, Ch.: Gesundheit als Fähigkeit zum Dialog, in Existenzanalyse, 2+3, Oktober 2001, S. 55.

44 Kurz, W./Hadinger, B.: a.a.O. S. 30.

45 Watzlawick, P.: Wenn du mich wirklich liebtest, würdest du gerne Knoblauch essen, 4. Auflage 2007. S. 13.

und schon gar nicht verstehen, so wie in folgender Geschichte verdeutlicht wird:

Einladung zum Nachdenken

Die Sache mit dem Backpulver

FRAU: Ich fürchte, aus diesem Kuchen wird nichts; der Teig geht nicht auf.

MANN: Vielleicht nicht genug Backpulver – was steht im Rezept?

FRAU: Das schaut dir wieder mal ähnlich.

MANN: Was schaut mir ähnlich?

FRAU: Das mit dem Backpulver.

MANN: Was mit dem Backpulver?

FRAU: Du weißt genau, was ich meine. Immer tust du das, und du weißt, dass es mir auf die Nerven geht.

MANN: Himmelkruzitürken – wovon redest du überhaupt? Du sagst, dass der Kuchen nicht aufgeht – ich sage, das einzige, was daran schuld sein könnte, wäre zuwenig Backpulver, und plötzlich hat das nichts mehr mit dem Backpulver zu tun, sondern ist ein Defekt meines Charakters oder was weiß ich...

FRAU: Natürlich – Backpulver ist dir wichtiger als ich. Dass es das Backpulver sein könnte, kann ich mir selbst denken; dir ist es aber gleichgültig, dass ich dir mit dem Kuchen eine Freude machen will.

MANN: Das bestreite ich auch gar nicht, und es freut mich. Ich redete ja auch nur vom Backpulver, nicht von dir.

FRAU: Wie ihr Männer das nur so fertig bringt, alles so schön sachlich auseinanderzuhalten, dass es einer Frau dabei zu frösteln beginnt!

MANN: Nein, das Problem ist, wie ihr Frauen es fertig bringt, Backpulver zum Gradmesser der Liebe zu machen.

(Und so weiter) **[Paul Watzlawick]**

Welche Faktoren können in unserer modernen Wohlstands- und Leistungsgesellschaft die soziale Gesundheit gefährden und was sind die Folgen?

Wenn wir

- nicht in der Lage sind, die Beziehung zu uns selbst herzustellen, werden wir auch andere Menschen nicht erreichen.
- unsere Netzwerkpartner, Kollegen, Freunde, Familienangehörige und Nachbarn nur vor dem Hintergrund der Zweckmäßigkeit sehen und Beziehungen nur nach dem Kriterium des Nutzbringens eingehen, können echte Begegnungen nie gelingen und wir enden in Einsamkeit.
- im Umgang mit Menschen immer die Erfüllung unserer Erwartungen voraussetzen, werden wir enttäuscht viele Kontakte abbrechen.
- glauben, die Anderen hätten sich gefälligst zu ändern ohne das eigene Verhalten zu überprüfen, riskieren wir, ein Leben lang unglücklich, enttäuscht und verbittert zu sein.
- zu jenen Menschen gehören, die sich selbst für das Zentrum der Welt halten, hypersensibel und hyperreflektiert sind und uns das Minimum an Perspektivenwechsel zum Gegenüber nicht gelingt, werden wir uns ein Leben lang bedauern.

Im Zentrum der Welt: nur um sich selbst kreisen

- nur unsere Maßstäbe gelten lassen und anderen Menschen mit Vorurteilen begegnen, sehen wir uns von menschlichen Defiziten umzingelt.
- Menschen aufgrund irgendeiner Verhaltensweise in einer Schublade etikettieren, besteht die Gefahr, alle ihre anderen Potenziale zu übersehen und deren mögliche Entwicklung zu verhindern.
- andere Menschen grundsätzlich über- und uns selbst unterschätzen können keine gelingenden Beziehungen auf gleicher Augenhöhe entstehen.

„Früher, als ich unerfahren und nicht so sicher war wie heute, hatten meine höchste Achtung andre Leute. Später traf ich auf der Weide neben mir noch andere Kälber. Seitdem schätz ich sozusagen, erst mich selber." **[W. Busch]**

- egoistisch unser individuelles Wohlergehen in den Vordergrund stellen, werden Menschen sich ausgenutzt und instrumentalisiert fühlen.
- launisch auftreten, umgekehrt aber respektvoll behandelt werden wollen, werden wir nicht ernst genommen.

- unsere Positionen dogmatisch vertreten und die Ansichten anderer Menschen als lächerlich, unrealistisch oder gar dumm hinstellen, machen wir uns unbeliebt.
- uns in Gesprächen ständig in den Vordergrund drängeln und nicht zuhören lernen, wird man unsere Gesellschaft meiden.
- uns Menschen gegenüber arrogant, zynisch und herablassend verhalten, müssen wir mit entsprechenden Gegenreaktionen rechnen.
- aggressiv reagieren, verlieren wir jede Wertschätzung.
- andere Menschen für unsere negativen Gefühle verantwortlich machen, ist uns noch nicht klar, dass wir es sind, die diese Gefühle erzeugen.
- in einer kritischen Äußerung den Inhalt der Kritik nicht von der Person trennen, werden wir Menschen verletzen.
- glauben, „nur" mit Kommunikationstechniken gelingende Beziehungen aufbauen zu können, irren wir.
- nicht in der Lage sind, unterschiedliche Sichtweisen und Konflikte als normal akzeptieren zu können und unsere persönliche Wahrnehmung für das „Evangelium" halten, werden wir überheblich.
- glauben, dass das Misslingen einer Beziehung immer am Gegenüber liegt, verkennen wir die Wirkungsweise von Interaktionen.
- anderen Menschen ungefragt Ratschläge geben, ihnen Dinge ein- oder ausreden wollen, werden wir ihnen nicht gerecht.
- Konflikte „unter den Teppich kehren", um eine heile Welt vorzugaukeln, werden wir irgendwann über den Teppich stolpern
- meinen, Beziehungen einfach „managen" zu können, haben wir entweder den Begriff Management oder den Begriff Beziehungen noch nicht verstanden.
- nicht bereit sind, auch in schwierigen Lebenssituationen zunächst selbst zu versuchen unsere Probleme zu lösen, sondern uns immer nur auf die Hilfe unserer Mitmenschen und gesellschaftlicher Institutionen verlassen, werden wir leicht zu enttäuschten, hilflosen und zornigen Opfern.
- nicht bereit sind über unseren Tellerrand in die Welt hinauszuschauen, werden weltweite Solidarität und ökosoziale Gerechtigkeit eine Illusion bleiben; mit noch unabsehbaren Folgen für unseren sozialen Frieden und die gesamte Weltgemeinschaft.
- uns nur auf utopische, religiöse oder weltanschauliche Erlösungs- und Heilslehren verlassen und nicht bereit sind, mit klei-

Den eigenen Standpunkt dogmatisch verteidigen: immer Recht haben wollen

Die ewige Suche nach Schuldigen

Politische Weltanschauung und Religion die einzigen Perspektiven?

nen Schritten in unserem eigenen Umfeld zu beginnen, wird die Situation auf unserem Planeten nie humaner.

- uns nicht um seriöse Bildung und permanente Weiterbildung bemühen, werden wir die Probleme der Zukunft immer weniger verstehen und lösen können, denn nur der Dumme weiß auf jedes komplexe Problem eine einfache Antwort.
- nicht bereit sind uns für den gesellschaftlichen Fortschritt und den demokratischen Staat einzusetzen, werden wir irgendwann fremdbestimmt.
- in der lokalen und globalen Wirtschaft nicht gewisse soziale Mindeststandards zu garantieren bereit sind, sondern nur noch Börsenkurse und der shareholder value zählen, werden immer mehr Menschen sozial erkrankt absteigen; mit unabsehbaren Folgekosten für die Gesellschaft und Gefahr für den sozialen und politischen Frieden.

Kernsatz

◆ Eine gestörte Kommunikation ist für die meisten dieser zwischenmenschlichen Konflikte und Missverständnisse verantwortlich; viele soziale Probleme und Konflikte beruhen auf falschen Einstellungen und Erwartungen.

Gerade hier eröffnen sich Möglichkeiten, der Opferrolle zu entfliehen und das Geschehen aktiv zu gestalten; in einem ersten Schritt im eigenen Verantwortungsbereich egoistische Verhaltensweisen abzulegen und Verletzungen im Zusammenleben zu vermeiden. So kann jeder seinen kleinen Beitrag zu einer positiven gesellschaftlichen Entwicklung leisten; das gewährleistet soziale Gesundheit für uns selbst und unsere Mitmenschen .

„Der Kern aller Schwierigkeiten, mit denen wir uns heute konfrontiert sehen, ist unser Verkennen des Erkennens, unser nicht Wissen um das Wissen. Es ist nicht das Erkennen, sondern das Erkennen des Erkennens, das verpflichtet.“[46]

„Der Fortschritt der Wissenschaft besteht nur darin, dass sie die Erscheinungen, in denen das vielgestaltige Leben abläuft, immer genauer beschreibt, …
Was aber Leben ist, vermag keine Wissenschaft zu sagen.“

[Albert Schweizer]

46 Maturana, H./Varela, F.: Der Baum des Erkennens – die biologischen Wurzeln menschlichen Erkennens, 1987 S. 268.

Sinnfragen

- ▶ Wie könnten Sie in ihrem eigenen Umfeld auch in kleinsten Schritten zur Verbesserung der ökosozialen Gerechtigkeit in der Weltgemeinschaft beitragen?
- ▶ Welche Menschen sind Ihre Vorbilder im politischen, sozialen und kulturellen Leben?
- ▶ Welche Menschen sind Ihre Vorbilder im Hinblick auf deren Beziehungsfähigkeit?

Manager im Visier

„Zu viele Menschen machen sich nicht klar, dass wirkliche Kommunikation eine wechselseitige Sache ist." **[Lee Iacocca]**

Kernsatz

- ◆ Positive Einbindung in die sozialen betrieblichen Strukturen: Team, Vorgesetzte, Kollegen und Kunden, gewährleistet soziale Gesundheit.

Manager: geistige Haltung und Unternehmenskultur

Die Bedeutung der Unternehmenskultur für die soziale Gesundheit wird immer noch unterschätzt und sträflich vernachlässigt, wie die jährlichen Ergebnisse des Engagement-Index des Marktforschungsunternehmens Gallup belegen. Wenn nur noch 13 von 100 Mitarbeitern eine hohe Bindung an ihr Unternehmen angeben, ist das ein Alarmzeichen. Auch destruktive Verhaltensweisen und krank machende Arbeitsbedingungen nehmen permanent zu, wie unzählige wissenschaftliche Studien belegen. Ursache für diese Entwicklung ist, so glauben wir, der Irrglaube, Mitarbeiter wären gewillt in Unternehmen ihre menschlichen Grundbedürfnisse aufzugeben oder zu unterdrücken. Zitat eines Unternehmers: „Ich wollte Mitarbeiter und es kamen Menschen." Im Hinblick auf die alltägliche Zusammenarbeit in Unternehmen ist daher ein kritisches Umdenken erforderlich, um menschliches und unternehmerisches Wachstum zu favorisieren und nicht zu behindern.

Bezüglich der sozialen Gesundheit sollten Manager folgendes bedenken:

Wenn Sie

- sich in ihrer Rolle wohlfühlen und selbst nicht vereinsamen wollen, müssen Sie kritisch über ihre Haltungen gegenüber den ihnen anvertrauten Menschen und das daraus resultierende Kommunikations- und Beziehungsverhalten nachzudenken bereit sein.

- Ihre Mitarbeiter respektlos behandeln und deren gute Leistungen nicht anerkennen, sondern ständig nur auf Fehler verweisen, schaffen sie ein Klima des Misstrauens.
- nicht begreifen, dass Führen bedeutet Menschen aufzubauen und erfolgreich zu machen, werden sie selbst und die Mitarbeiter frustriert sein.
- nicht begreifen, dass Menschen dialogische Wesen sind, die angefragt werden und nicht nur als „Weisungsempfänger" fungieren wollen, werden sie ihre Mitarbeiter trotz Einsatz von Motivationstechniken nicht erreichen.
- Ihre Mitarbeiter nur als Produktionsfaktor instrumentalisieren und nicht als ganzen Menschen begreifen, werden diese mit innerer Kündigung und „Dienst nach Vorschrift" reagieren.
- nicht offen und ehrlich kommunizieren, werden Gerüchte entstehen, die die Menschen verunsichern.
- keinen effektiven Prozess für das Weitergeben von Informationen, Neuigkeiten, Veränderungen, Zielen und Strategien garantieren, wird viel Motivation im Keim erstickt.
- Ihren Mitarbeitern nicht klar sagen, was sie von ihnen im Hinblick auf Ziele und Werte erwarten und ihnen kein Feedback geben, ist Demotivierung die Folge.
- Fehlleistungen nicht aufdecken, Konflikte nicht konstruktiv lösen und statt miteinander übereinander reden, werden Sie das in Sie gesetzte Vertrauen verlieren.
- die Meinungen und Verbesserungsvorschläge der Mitarbeiter nicht ernst nehmen oder als nicht umsetzbar belächeln, ersticken Sie die kreativen Fähigkeiten und verhindern jegliche Innovation.
- nach oben kriechen und nach unten treten, werden Sie unglaubwürdig und wirken lächerlich.

„Du hast immer die Wahl, wenn nicht, war das deine."

[Heinz von Foerster]

Sinnfragen

- ▶ Haben Sie schon einmal darüber nachgedacht, was Ihren Mitarbeitern an Ihrem Kommunikationsstil gefallen und was ihnen missfallen könnte?
- ▶ Reden Sie mit Ihren Mitarbeitern auch über nicht aufgabenbezogene Themen?
- ▶ Bestärken Sie die positiven Leistungen und Haltungen Ihrer Mitarbeiter ausreichend?

Die existenzielle Gesundheit

„Es kommt nie und nimmer darauf an, was wir vom Leben zu erwarten haben, vielmehr lediglich darauf an, was das Leben von uns erwartet." **[Viktor Frankl]**

Der Mensch ist ein Wesen auf der Suche nach Sinn in allen Lebenslagen. Nach einem „Warum" und einem „Wofür". Mit einem vagen „Warum" sind wir nicht zufrieden. Wir wollen ein tiefgründiges. Die Frage nach dem Sinn ist die menschlichste aller Fragestellungen. Sie ist die Kardinalfrage des Mensch Seins.

Kernsatz

◆ Die Urmotivation des Menschen ist es, dass sein in allen Dimensionen gefährdetes Leben dennoch glückt. Der Mensch ist existenziell gesund, wenn er sein Leben vorwiegend als sinnvoll, als wertvoll, als gelingend, als erfüllt empfindet. Wenn er sein „Warum" und sein „Wofür" immer wieder findet, immer wieder dem Leben abringt. Existenzielle Gesundheit erfordert also, dass wir unser eigenes Leben, unser Selbst gestalten, damit es Form annehmen kann – unsere Form.

Abbildung 8: **Die existenzielle Gesundheit im Kontext ganzheitlicher Gesundheit**

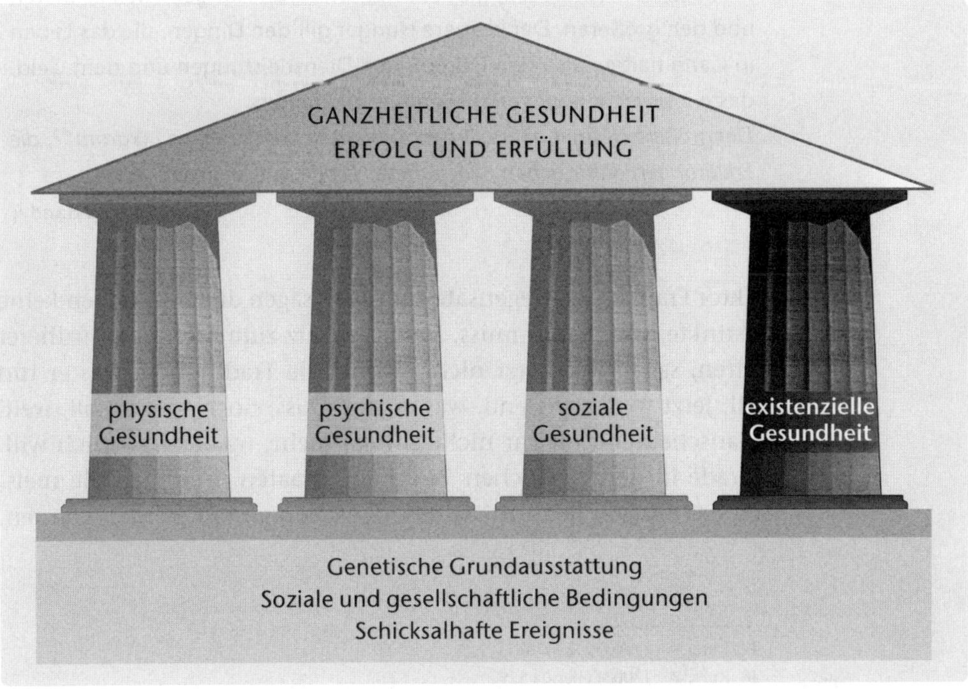

Kennzeichnend für unsere Zeit ist es, dass immer mehr Menschen immer intensiver in eine geistig-psychische Verfassung geraten, die Frankl mit den Begriffen „existenzielles Vakuum“ bzw. „existenzielle Frustration“ charakterisiert. Diese äußert sich als das quälende, abgründige, das gesamte Erleben und Verhalten einer Person prägende Gefühl, dass alles, was ist, alles was diese Person tut, denkt und erfährt, sinnlos sei. Der betroffene Mensch fühlt sich leer, in der Leere existierend. Er ist eine vom Gefühl der Sinnlosigkeit und Sinnentleertheit gequälte Existenz.[47] Der Mensch gerät so in eine Missbefindlichkeit, die eine Fülle von Fehlerlebnisweisen, Fehlverhaltensweisen und neurotischen Störungen auslösen kann: Arbeitsunlust, Depressionen, Lebensmüdigkeit, Süchte, Apathie, Langeweile, nihilistische Anschauungen, und vieles andere mehr.[48] Auch die Tatsache, dass von 100 Menschen in der Arbeitswelt gerade noch 13 hoch engagiert sind, wie es das Gallup Institut belegt, aber 87 als Betriebsstatisten Dienst nach Vorschrift machen, lässt auf die Sinnmisere in Unternehmen schließen.

Die kollektive Neurose in Form der existenziellen Frustration

Einladung zum Nachdenken

In Afrika, so erzählt man, gibt es zwei Arten von Hunger – den kleineren und den größeren. Der kleinere Hunger gilt den Dingen, die das Leben in Gang halten, also den Gütern, den Dienstleistungen und dem Geld, das wir brauchen, um alles bezahlen zu können.
Der größere Hunger aber gilt den Antworten auf die Frage „Warum“?, die Erklärungen dafür geben, wozu dieses Leben gut sein soll.

[Charles Handy]

Viktor Frankl: „Im Gegensatz zum Tier, sagen dem Menschen keine Instinkte, was er tun muss. Im Gegensatz zum Menschen früherer Zeiten, sagen ihm jetzt nicht einmal die Traditionen, was er tun soll. Jetzt weder wissend, was er tun muss, noch was er soll, weiß er anscheinend oft gar nicht einmal mehr, was er eigentlich will. Gerade in den westlichen Wohlfahrtsstaaten, in denen die meisten der übrigen Bedürfnisse des Menschen gestillt werden können,

47 Kurz, W.: (2003) a. a. O. S. 11.
48 Kurz, W.: (2003) ebenda S. 9.

bleibt das tiefste und menschlichste aller Bedürfnisse – das Sinnbedürfnis – meist ungestillt: Die Menschen haben die Lebens-Mittel zur Verfügung, aber sie erkennen ihren Lebens-Zweck nicht mehr."

Der moderne Mensch hat alles, was er zum Leben braucht, aber oft nichts mehr wozu es sich zu leben und zu leiden lohnt

Die moderne Weltanschauung hat auf die zentralen philosophischen Fragestellungen: „Wer bin ich, was kann ich wissen, wohin gehe ich, was soll ich tun, wie erfahre ich Erfüllung?" keine Antwort mehr. Zu Recht meint Romano Guardini:

> *„Das Wissen, die intellektuelle Beherrschung nimmt ständig zu. Das Begreifen aus dem Ganzen heraus wird immer schwächer. Das Wissen wächst, die Weisheit wird weniger."*

Gehen wir deshalb der Frage nach, welches die häufigsten Fehlhaltungen sind, die Sinn und Erfüllung im Wege stehen und die existenzielle Gesundheit gefährden:

Vom kindlichen Fordern und Erwarten

- Wir erwarten, dass uns das Leben Sinn und Glück auf einem Silbertablett serviert.
- Wir geben uns einer kindlichen Haltung des Erwartens, des Forderns, des immer Mehr haben Wollens hin und glauben nur dann glücklich sein zu können, wenn alle Wünsche in Erfüllung gehen.
- Wir begreifen nicht, dass wir dem Leben und der Welt zunächst etwas schulden und Teil eines Ganzen sind, zu dessen Entwicklung wir im Sinne eines Auftrags beizutragen haben, um Sinnspuren zu hinterlassen.
- Wir erwarten Perfektion in allen Lebensbereichen und vor allem bei anderen Menschen.
- Wir sind nicht leidensfähig.
- Wir richten den Focus nur auf das was uns fehlt und übersehen, was wir alles haben.

Einladung zum Nachdenken

Zu einem alten Rabbi kam ein Mann und klagte: „Rabbi, mein Leben ist nicht mehr erträglich. Wir wohnen zu sechst in einem winzigen kleinen Raum. Was soll ich nur machen?
Der Rabbi antwortete: „Nimm deinen Ziegenbock mit ins Zimmer." Der Mann glaubte nicht recht gehört zu haben. „Den Ziegenbock mit ins

Zimmer?" „Tu, was ich dir gesagt habe", entgegnete der Rabbi, „und komm nach einer Woche wieder."
Nach einer Woche kam der Mann wieder, total am Ende. „Wir können es nicht mehr aushalten, der Bock stinkt fürchterlich!" Der Rabbi sagte zu ihm: „Geh nach Hause und stell den Bock wieder in den Stall. Dann komm nach einer Woche wieder."
Die Woche verging. Als der Mann zurückkam, strahlte er über das ganze Gesicht. „Das Leben ist herrlich, Rabbi. Wir genießen jede Minute. Kein Ziegenbock – nur wir sechs. **[Nach Elisabeth Lukas]**

Zum Glück braucht der Mensch Sinn

- Wir erkennen nicht, dass wir zum Gücklichsein einen Grund brauchen und dass Erfolg einer Vorleistung bedarf.
- Wir leben in einer zerstörerischen, lebensverneinenden „Entweder-oder Haltung".
- Wir verfallen dem Machbarkeitswahn und wollen auch für uns Menschen unverrückbare Grenzen verschieben; gleichzeitig übersehen wir aber auch die von uns überwindbaren Grenzen.
- Wir verkennen das Spannungsfeld des Lebens von Gelingen und Misslingen, von Erfreulichem und Unerfreulichem.
- Wir haben noch nicht verstanden, dass es unseres vollen Engagements bedarf, dass wir in einer Welt sind, die auf uns hofft, die uns braucht und die etwas von uns erwartet; etwas, womit nur wir in einzigartiger Weise dienen können.
- Wir erspüren unseren Beruf nicht als Berufung.

„Erstaunlich wenige Menschen sind sich bewusst, wie sie eigentlich ihre Arbeit erledigen. Tatsächlich ist den meisten von uns nicht einmal bewusst, dass verschiedene Menschen auch unterschiedlich arbeiten. Allzu viele arbeiten auf eine Weise, die nicht zu ihnen passt. Und das ist bereits ein Garant für Misserfolg." **[Peter Drucker]**

Jeder Dienst an der Gesellschaft ist ein Verdienst

- Wir verkennen, dass jede Arbeit, die ein Dienst an der Gesellschaft ist, immer auch ein Verdienst ist.
- Wir stürzen uns nur auf Erfolg und Karriere, buhlen um die Anerkennung von Seiten Anderer und übersehen dabei das Risiko, fremdbestimmt zu werden.
- Wir setzen nur auf einen Wert zum Beispiel Arbeit, Familie oder Freizeit und vergessen, dass uns, wenn dieser eine Wert weg bricht, nichts mehr bleibt.

- Wir suchen Sinn in einem ständigen fast süchtigen Streben nach Lust, Konsum und „Events" und merken gar nicht, dass wir immer leerer werden. Wir suchen den Sinn und das Glück außerhalb von uns selbst.
- Wir erkennen Arbeit nicht als eine Quelle für Sinn und Entfaltung an, das musste der Mann in der folgenden Geschichte auch erst lernen:

Einladung zum Nachdenken

Es war einmal ein Mann, der starb und fand sich an einem wunderschönen Ort wieder, umgeben von allem erdenklichen Komfort. Ein Diener im weißen Jackett kam auf ihn zu und sagte: „Sie können alles haben, was Sie wollen – alle Speisen – alle möglichen Vergnügen – alle Arten von Unterhaltung."

Der Mann war hocherfreut. Tagelang probierte er von all den Delikatessen und Erfahrungen, von denen er auf Erden geträumt hatte. Doch bald wurde ihm langweilig und er rief den Wärter zu sich und erklärte: „Ich bin dies alles müde. Ich brauche etwas zu tun. Welche Art von sinnvoller Arbeit kannst du mir geben?"

Der Wärter schüttelte traurig den Kopf und antwortete: „Es tut mir leid mein Herr. Das ist das einzige, was wir nicht für Sie tun können. Es gibt hier keine Arbeit für Sie."

Worauf der Mann entgegnete: Eine schöne Bescherung! Ebenso gut könnte ich in der Hölle sitzen!" Der Wärter sagte sanft: „Was glauben Sie, wo Sie sind? **[Martin Stevens zitiert nach Elisabeth Lukas]**

Aus der Komfortzone aussteigen

- Wir unterfordern uns und agieren mittelmäßig.
- Wir suchen immer und überall Schuldige für das, was wir nicht erreicht haben oder nicht geworden sind, scheuen Herausforderungen und kneifen, wenn es unangenehm wird.
- Wir suchen nicht nach unserem eigenen Wesenskern, erkennen unsere Grundfähigkeiten und Potentiale nicht, sondern lassen uns von dem leiten, was alle tun, ohne zu überlegen, ob es für uns gut ist.
- Wir fühlen uns vom Schicksal und den Bedingungen vollkommen determiniert und diesen ausgeliefert, suchen keine Lebensaufgabe und geben uns immer mehr selbst auf, fliehen vor der Freiheit und drücken uns vor der Verantwortung.

- Unser ganzes Tun orientieren wir ausschließlich am Eigennutz, wir tanzen nur um unsere eigene Achse.
- Wir sind unfähig uns auf andere Menschen einzulassen, in Beziehungen zu treten und Resonanz zu erzeugen.
- Wir wollen uns um jeden Preis selbst verwirklichen.
- Unsere Selbstbeurteilung ist verzerrt; wir definieren uns nur über unseren Nutzwert und nicht über das, was wir sind und aus uns selber machen könnten. Wir suchen nicht nach unseren Wertehaltungen, fragen nicht, was uns berührt, wofür wir einstehen und wofür wir uns einbringen möchten.
- Wir erfahren uns nicht als Wert und kaschieren unser mangelndes Selbstwertgefühl mit Statussymbolen, bauen um uns einen Panzer auf, damit andere nicht an uns herankommen oder werten andere Menschen sogar ab.

Das Leiden am mangelnden Selbstwert

- Wir richten den Focus immer auf das Negative, nicht Gelungene und übersehen dabei das Gelungene.
- Wir haben Angst nach innen zu gehen und zu unseren eigenen Ressourcen, unserem Entwurf vorzudringen und die zu sein, die wir sein könnten, um Sinn zu erfahren und glücklich zu sein.

„Jeder Mensch meißelt am Antlitz der Welt, verfinstert es, erheitert es, kompliziert es, und graviert Spuren ein, die für ihn und andere Folgen haben.“ **[Elisabeth Lukas]**

Sinnfragen

- ▸ Haben Sie schon einmal darüber nachgedacht, wofür Sie gelebt haben möchten?
- ▸ Was würden Sie gerne Ihren Enkelkindern über Ihr gelungenes Leben erzählen?
- ▸ Könnten Sie noch mehr Sinnspuren hinterlassen?

Manager im Visier

„Manager sollen Lichtquellen sein.“ **[Paul Ostberg]**

Sinnleere, Burnout und Boreout sind im Management aber auch generell in der Welt der Arbeit weit verbreitet. Da, wo Sinn fehlt und das Sinnlosigkeitsgefühl um sich greift, erkranken Menschen und Unternehmen.

Existenziell gesund sind Manager und werden die Ihnen anvertrauten Mitarbeiter, wenn sie:

1. Auf der Basis ihres Lebensthemas die richtigen Geisteshaltungen zu ihrer Arbeit verinnerlichen, Arbeit als Quelle für Sinn erkennen und so ihre Potenziale entfalten können.
2. Versuchen auf der Basis einer Vertrauenskultur sinnvolle Rahmenbedingungen zu schaffen.
3. Trotz wachsender Herausforderungen, schwieriger Umstände und menschlicher Unzulänglichkeiten aus den gegebenen Möglichkeiten das Beste machen.

Gehen wir deshalb der Frage nach, welche häufigen Fehlhaltungen im Management Sinn und Erfüllung im Wege stehen und die existenzielle Gesundheit gefährden.

Die existenzielle Gesundheit ist in Gefahr, wenn Manager:

- Nicht in sich hineinhorchen, sich von allen Seiten unter Druck setzen lassen, nicht selbstbestimmt ihren Führungsauftrag leben und sich dann eine Situation entwickelt, die Wielens[49] folgendermaßen charakterisiert: „Viele Führungskräfte haben jahrelang nur funktioniert, bestehen nur noch aus Disziplin und spüren nun eine Leere in sich".
- Nicht authentisch sind und sich hinter einem Schutzschild von Unnahbarkeit, Hochnäsigkeit, Undurchschaubarkeit, vorgetäuschter Selbstsicherheit oder übertriebenem Selbstbewusstsein verstecken.
- Sich in ihren Entscheidungen nicht am Nutzen des Unternehmens und der Stakeholder, sondern nur an ihrem Eigennutz orientieren; ihren eigenen Gewinn maximieren wollen und dabei vergessen, dass Führen an erster Stelle Dienen bedeutet.
- Zu der von Hinterhuber[50] beschriebenen Kategorie, der „bekannten Figur des superaktiven, berechnenden, aggressiven narzisstischen, macht- und geldgierigen Typus gehören, die oft Soziopathen sind und unter einer psychiatrischen Persönlichkeitsstörung leiden, die sich in asozialem Verhalten äußert".
- Sich vordergründig vom Streben nach Macht, Prestige und Maximaleinkommen motiviert fühlen und zu sinnwidrigen Aktionen bereit sind.

---

49 Wielens, H.: Manager auf der Sinnsuche, Spiritualität im Business, in managerSeminare, Oktober, 2006.

50 Hinterhuber, H. H.: Manager sind of Soziopathen in Tiroler Tageszeitung, 15. 12. 2007.

- Ausschließlich in Zahlen denken und ihren Erfolg nur an monetären Kriterien messen.
- Keine soziale Verantwortung übernehmen und ihre Entscheidungen unter dem Vorwand „der Markt verlangt das so“ oder „wenn nicht ich es tue, dann tut es die Konkurrenz“ zu rechtfertigen versuchen.

„Die Welt ist nicht heil, aber heilbar.“ **[Viktor Frankl]**

Sinnfragen

- Haben Sie schon einmal darüber nachgedacht, welche Sinnspuren Sie durch Ihren Führungsauftrag hinterlassen möchten?
- Haben Sie überlegt, womit Sie dem Unternehmen und seinen Menschen dienen können?
- Was könnten Sie aufgrund Ihrer individuellen Einzigartigkeit und Fähigkeiten zu einer förderlichen Vertrauenskultur beitragen, um die Ihnen anvertrauten Menschen aufzubauen?

5. Selbstgestaltung, Resilienz und Lebensthema als Ressourcen für Gesundheit, Erfolg und Erfüllung

◆

Wer sein Schicksal für besiegelt hält,
ist außerstande, es zu besiegen.

[Viktor Frankl]

Doch herrlich ist es zu wissen, dass die Zukunft, meine eigene Zukunft und mit ihr die Zukunft der Dinge, der Menschen um mich, irgendwie – wenn auch in noch so geringem Maße – abhängig ist von meiner Entscheidung in jedem Augenblick. Was ich durch sie verwirkliche, in die Welt schaffe, das rette ich in die Wirklichkeit hinein und bewahre es so vor der Vergänglichkeit.

[Viktor Frankl]

Wenn genetische Ausstattung, soziale und gesellschaftliche Bedingungen und das Schicksal die alleinigen fundamentalen Faktoren wären, auf denen unsere 4 Säulen der Gesundheit stehen, wäre der einzelne Mensch Opfer von Determinierungen und schicksalhaften Umständen. Für ganzheitliche Gesundheit, Erfolg und Erfüllung müssen wir Perspektiven entwickeln, um uns aus der Opferrolle befreien zu können und „Architekten" unseres Lebens zu werden. Deshalb fügen wir in unser Modell ein zweites, stabilisierendes Fundament mit den Begriffen Selbstverantwortung, Resilienz und Lebensthema ein. Diese Faktoren ermöglichen und gewährleisten uns, den notwendigen Handlungs- und Gestaltungsspielraum zur eigenverantwortlichen Stabilisierung der vier Säulen zu gewinnen (siehe Abbildung 9 auf Seite 64).

Kernsatz

- Es ist unser Anliegen, zusätzlich zur medizinischen Versorgung und allen sonstigen gesellschaftspolitischen Maßnahmen zur Erhaltung der Gesundheit, die im einzelnen Individuum potenziellen Möglichkeiten zur ganzheitlichen Gesunderhaltung aufzuzeigen. Durch ein selbstbestimmtes und gestaltetes Leben sind wir in der Lage, das was wir tun mit einem kraftvollen „Ja" zu hinterlegen und werden so authentischer, leistungsfähiger, gelassener und erfüllter; die 4 Säulen der Gesundheit werden dann allen Bedingtheiten zum Trotz stabiler. Hier liegt ein unerschöpf-

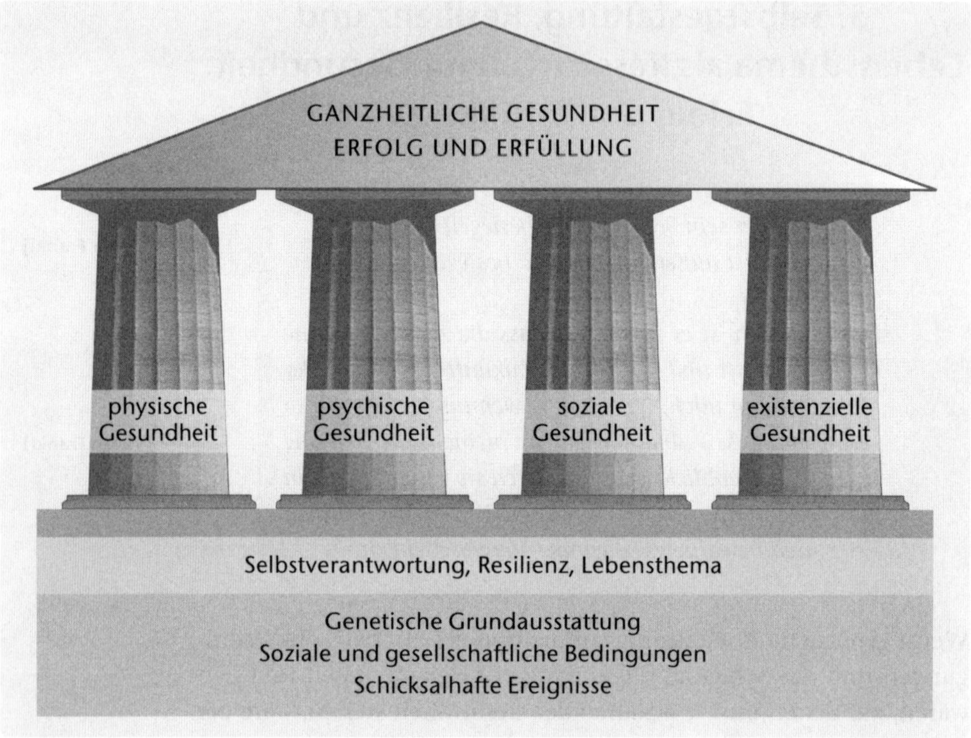

Abbildung 9:
Tempel mit erweitertem Fundament

liches Potenzial im Hinblick auf mehr Gesundheit und Lebensqualität für jeden einzelnen Menschen und eine humanere und ökosozial gerechtere Entwicklung der gesamten Gesellschaft.

Was beinhalten und bedeuten nun die Begriffe Selbstverantwortung, Resilienz und Lebensthema?

Das magische Dreieck der Selbstgestaltung und Lebenskunst

„Trunken von den Fortschritten des Wissens und Könnens, die über unsere Zeit hereinbrachen, vergaßen wir, uns um den Fortschritt in der Geistigkeit des Menschen zu sorgen." **[Albert Schweitzer]**

Dieses Zitat zeigt in wunderbarer Weise die Kluft auf, in der wir uns heute befinden. Ein Mehr an Wissen und leichterer Zugang zu Wissen von außen isoliert uns nach innen und verunsichert; überfüllt von der Flut von verschiedenartigsten Informationen, wissen wir nicht

Abbildung 10:
Das magische Dreieck der Selbstgestaltung und Lebenskunst

mehr, was wir können, sollen und wirklich wollen. Es gilt daher, eine Brücke von unserem äußeren zu unserem inneren Wissen zu bauen.

Die Begriffe Selbstverantwortung, Resilienz und Lebensthema, das zweite Fundament unseres Tempelmodells, bezeichnen und symbolisieren wir in der Folge als

> *„Das magische Dreieck" der Selbstgestaltung und Lebenskunst* (siehe Abbildung 10).

Sich vom Machbarkeitswahn nicht gängeln lassen

Sehr Vieles und immer mehr scheint heute machbar zu sein. Die Einsicht, dass aber trotzdem nicht alles machbar ist, wird Menschen durch gegenteilige auch bittere Erfahrungen immer mal wieder klar und bewusst gemacht. Sehr treffend bringt Blaise Pascal die Möglichkeiten und die Grenzen unseres Menschseins, mit seiner Definition über den Menschen auf den Punkt:

> *„Der Mensch ist ein Nichts angesichts der Unendlichkeit, aber er ist unendlich angesichts des Nichts."*

Erst wenn wir lernen unsere Möglichkeiten und Grenzen zu verinnerlichen, befinden wir uns wieder auf dem Boden der Realität. Gefangen im weit verbreiteten Machbarkeitswahn, befinden wir uns auf einem Schleudersitz zwischen Manie und Depression. Wir müssen die stabilisierende Mitte wieder entdecken, indem wir unsere Möglichkeiten fokussieren, sie nicht aus den Augen verlieren; aber stets im vollen Bewusstsein der uns gesetzten Grenzen.

Dies ist eine proaktive und gleichzeitig auch demütige Haltung; eine Haltung, die unser Menschsein in allen Facetten erschließt und uns menschlicher werden lässt.

Verzicht auf das Denken ist geistige Bankrotterklärung

[Albert Schweitzer]

Einladung zum Nachdenken

1. Szene: Ich gehe die Straße entlang.
   Da ist ein tiefes Loch im Gehsteig.
   Ich falle hinein.
   Ich bin verloren... Ich bin ohne Hoffnung.
   Es ist nicht meine Schuld.
   Es dauert endlos, wieder herauszukommen.

2. Szene: Ich gehe dieselbe Straße entlang.
   Da ist ein tiefes Loch im Gehsteig.
   Ich tue so als sähe ich es nicht.
   Ich falle wieder hinein.
   Ich kann nicht glauben, schon wieder
   am gleichen Ort zu sein.
   Aber es ist nicht meine Schuld.
   Immer noch dauert es lange herauszukommen.

3. Szene: Ich gehe dieselbe Straße entlang.
   Da ist ein tiefes Loch im Gehsteig.
   Ich sehe es.
   Ich falle immer noch hinein ...aus Gewohnheit.
   Meine Augen sind offen.
   Ich weiß, wo ich bin.
   Es ist meine eigene Schuld.
   Ich komme sofort heraus.

4. Szene: Ich gehe dieselbe Straße entlang.
   Da ist ein tiefes Loch im Gehsteig.
   Ich gehe darum herum.

5. Szene: Ich gehe eine andere Straße

[Nossrat Peseschkian]

Was bedeutet Selbstverantwortung?

„Nicht das Sein ist uns gegeben, sondern die Verantwortung für das Sein." **[Martin Heidegger]**

Kernsatz

◆ Selbstverantwortung heißt Regie für das eigene Leben zu übernehmen und der Scheu vor der Entscheidung, der Flucht vor der Verantwortung einen Riegel vorzuschieben. Unser Leben verantworten wir dann, wenn wir auf die Fragen des Lebens in allen Bereichen unsere persönliche Antwort geben.

Selbstverantwortung heißt, dass wir wachsam werden und hinhören auf die Fragen, die der eigene Körper, das Leben und die aktuelle Situation an uns stellen; dass wir entscheiden und mit verantwortetem Tun antworten, aktiv werden, um uns nicht zum Spielball von Situationen und Menschen machen zu lassen; unser Dasein nicht mit Jammern, Schuldzuweisungen und Neidgefühlen verschwenden, denn:

„Mensch sein heißt befragt werden und leben heißt antworten."

[Viktor Frankl]

Vom reaktiven zum proaktiven Denken und Handeln

Selbstverantwortung heißt trotz Bedingungen und Bedingtheiten die Freiräume jeder Situation zu erkennen und diese zu nutzen. Selbstverantwortung befreit uns von reaktivem Handeln und Verhalten und lässt uns proaktiv werden. Dadurch geben wir selbst die Richtung vor. Das Nutzen dieser Freiräume inspiriert uns trotz Einschränkungen nach neuen Möglichkeiten zu suchen und mobilisiert unser kreatives, schöpferisches Potenzial.

Wir werden in Kapitel 6 folgenden Fragestellungen nachgehen:

Welche Möglichkeiten bieten sich uns:

- Verantwortung für unsere physische Gesundheit zu übernehmen und trotz eventueller Einschränkungen sinnvoll zu leben?
- Verantwortung für unsere psychische Gesundheit, unsere Gefühle und Einstellungen zu den Situationen zu übernehmen, um trotz unerfüllter Erwartungen erfüllt zu leben?
- Verantwortung für unsere soziale Gesundheit zu übernehmen, um trotz Andersartigkeit und nicht bedürfnisgerechter Verhaltensweisen anderer Menschen sinnvoll zu leben?
- Verantwortung für unsere existenzielle Gesundheit zu übernehmen und „trotz allem" erfolgreich und erfüllt zu leben?

Einladung zum Nachdenken

Wenn ich fühle, dass es an mir liegt,
wie ich durch meine Tage gehe,
dann füllt sich das spröde Wort Selbstverantwortung mit Farbe.
Dann ahne ich, dass Manches, was ich als Schicksal beklage,
nichts anderes war und ist als Ausdruck meiner
nicht gelebten Möglichkeiten.
Ich darf, ich muss, ich kann mein Leben selber führen.
Wenn ich diese Einsicht fühle,
verblassen die Gedanken an alte Verletzungen,
an die scheinbar böse Welt, an all das,
was das trotzige Kind in mir so gern zitiert,
um eigenes Versagen anderen und anderem anzulasten.

[Uwe Böschemeyer]

Was bedeutet Resilienz?

„Beim Menschen ist kein Ding unmöglich. Im Schlimmen, wie im Guten." **[Christian Morgenstern]**

Kernsatz

◆ Resilienz bedeutet Entwicklung eines hohen Maßes an Widerstandskraft, an Stehvermögen und Frustrationstoleranz. Resilienz heißt, sich „trotz" widriger Umstände nicht „unterkriegen" zu lassen. Es ist jene innere Stärke, die es uns Menschen ermöglicht Rückschläge und schwierige, belastende Situationen erfolgreich zu meistern.

Der moderne Mensch befindet sich in einem Spannungsfeld zwischen Wohlstand, mit hoher materieller Lebensqualität und Luxus einerseits, andererseits erfordern die wachsende Dynamik, Flexibilität und Komplexität ein stetig steigendes Maß an Leistungsbereitschaft, Anpassungsfähigkeit und Frustrationstoleranz. Auf gute und stabile Situationen im Privaten wie im Beruf können die Sturmwinde des Lebens folgen und uns voll ins Gesicht blasen; in Gestalt von Arbeitsverlust, Krankheit, Verlust von lieben Menschen und schicksalhaften Ereignissen. Diesbezüglich ist der moderne Mensch weit mehr gefordert als je zuvor. Deshalb ist es notwendig, das Rüstzeug in uns selbst zu mobilisieren, um nicht zu resignieren, zu erkranken und zum Verlierer zu werden.

Wir werden deshalb im Kapitel 6 auch den folgenden Fragen nachgehen:

Welche Möglichkeiten bieten sich uns:

- Resiliente, die physische Gesundheit erhaltende Kräfte zu entwickeln?
- Resiliente, die psychische Gesundheit stärkende Einstellungen zu entwickeln?
- Resiliente, die soziale Gesundheit fördernde Haltungen zu entwickeln?
- Resiliente, die existenzielle Gesundheit favorisierende Geisteshaltungen zu entfalten?

Einladung zum Nachdenken

Ein moderner Mensch verirrte sich in einer Wüste. Die unbarmherzige Sonnenglut hatte ihn ausgedörrt. Da sah er in einiger Entfernung eine Oase. „ Aha, eine Fata Morgana", dachte er, eine Luftspiegelung, die mich narrt. Denn in Wirklichkeit ist gar nichts da.
Er näherte sich der Oase, aber sie verschwand nicht. Er sah immer deutlicher die Dattelpalmen, das Gras und vor allem die Quelle. „Natürlich eine Hungerphantasie, die mir mein halb wahnsinniges Gesicht vorgaukelt.", dachte er. Jetzt höre ich sogar das Wasser sprudeln. Eine Gehörhalluzination. Wie grausam die Natur ist."
Kurze Zeit später fanden ihn zwei Beduinen tot. „Kannst du so etwas verstehen?" sagte der eine zum anderen, „die Datteln wachsen ihm beinahe in den Mund. Und dicht neben der Quelle liegt er verhungert und verdurstet. Wie ist das möglich?"
Da antwortete der andere: „Er war ein moderner Mensch."

[Verfasser unbekannt zitiert nach Uwe Böschemeyer]

Was bedeutet Lebensthema?

> *„Man muss sein Leben aus dem Holz schnitzen, das man zur Verfügung hat."* **[Theodor Storm]**

Selbstverantwortung und Resilienz, die zwei ersten Konstanten des magischen Dreiecks, fordern von uns viel Kraft und Durchhaltevermögen. Diese Kraft und Energie können wir aus der dritten Konstante, dem Lebensthema, gewinnen.

Kernsatz

◆ Das Suchen und Erkennen unserer lebensthematischen Mitte, unseres inneren Antriebes, unserer Bestimmung, unseres Auftrages, ist die Grundlage für verantwortungsvolles, sinnvolles, gelingendes und erfolgreiches Dasein, Wirken und Bewirken. Gelingendes Leben braucht ein Thema.

Mit Bezug auf obiges Zitat müssen wir also zunächst „unser Holz" seine Eigenheiten, seine Einzigartigkeiten, seine Möglichkeiten und seine Grenzen erkennen, um daraus im Rahmen der Möglichkeiten das Beste zu formen, ohne uns zu verformen. Es ist die Suche nach den persönlichen und einzigartigen Wertehaltungen, Grundfähigkeiten, Möglichkeiten und Voraussetzung für die Entwicklung starker und unverwechselbarer Kernkompetenzen. Es ist die Grundlage zur Entwicklung einer authentischen, wohlwollenden und reifen Persönlichkeit. Menschen, die ihren Auftrag, ihr Lebensthema finden, sind voller Energie und äußerst leistungsfähig. Sie faszinieren und begeistern ihr Umfeld.

Um das eigene Lebensthema für sich zu entdecken, ist die Auseinandersetzung mit den folgenden Fragestellungen notwendig:

- Wozu bin ich gut, was habe ich zu geben?
- Wie kann ich meine Stärken erkennen und entfalten und dadurch mein Selbstwertgefühl steigern?
- Was würde meiner Familie, meinem Unternehmen, meinen Freunden und der Gesellschaft fehlen, wenn es mich nicht gäbe?
- Womit kann ich mit meinem Charakter, meinen einzigartigen Fähigkeiten und Möglichkeiten der Welt und anderen Menschen dienen und meine Potenziale zur Entfaltung bringen?
- Wie und in welchen Lebensbereichen könnte ich mich noch intensiver Menschen und Aufgaben hingeben?

- Wie kann ich mich zu einem wertvollen Menschen entfalten, im Leben Sinnspuren hinterlassen und so meine Existenz zum Gelingen bringen?

Möglichkeiten dazu werden wir ebenfalls in Kapitel 6 aufzeigen.

„Wesentliches Mensch sein zeigt sich als Sein, das über sich selbst hinaus geht, den Nächsten und die Welt in den Blick bekommt.“

[Wolfram Kurz]

Einladung zum Nachdenken

Ein Blinder und ein Lahmer wurden von einem Waldbrand überrascht. Die beiden gerieten in Angst. Der Blinde floh gerade aufs Feuer zu.
„Flieh nicht dorthin“, rief der Lahme.
Der Blinde fragte: „Wohin soll ich mich wenden?“
Der Lahme: „Ich könnte dir den Weg vorwärts zeigen, so weit du wolltest. Da ich aber lahm bin, so nimm mich auf deine Schultern, damit ich dir angebe, wie du dem Feuer, den Schlangen und Dornen aus dem Wege gehen kannst, und damit ich dich glücklich in die Stadt weisen kann.“
Der Blinde folgte dem Rat des Lahmen und zusammen gelangten beide wohlbehalten in die Stadt. **[Nossrat Peseschkian]**

Unsere Haltungen überprüfen

„Nicht ein neuer Trick, sondern eine neue Gesinnung löst und erlöst uns.“ **[Ulrich Schaffer]**

Die vier Säulen unseres Tempelmodells, die die tragende Basis für Gesundheit, Erfolg und Erfüllung darstellen, können mit Hilfe der drei Konstanten des „magischen Dreiecks“ sehr effektiv ausgebaut und stabilisiert werden.

Kernsatz

◆ Dies setzt aber voraus, dass wir über unsere Haltungen und Einstellungen nachdenken: Positives verstärken und Hemmendes über Bord werfen, mit Hilfe eines wachen, regen und trainierten Geistes und auf der Basis eines würdigen Menschenbildes.

Gehen wir also der Frage nach, was unser heutiges Denken ausmacht und prägt. Das heutige Denken orientiert sich immer noch an einem materialistischen und mechanistischen Weltbild. Es baut über weite Strecken auf falschen Annahmen, logischen Irrtümern, Fehleinschätzungen und reduzierten Menschenbildern auf, die unreflektiert nach dem Motto „was alle machen, kann schon nicht verkehrt sein" perpetuiert werden. Doch wie heißt es so schön:

„Wer mit falschen Landkarten ins Gebirge zieht, wird sich verirren."

Vom einengenden „Entweder-oder" zum öffnenden „Sowohl-als-auch"

Deshalb müssen wir unsere mentalen Landkarten zu unseren persönlichen Gunsten aber auch zu Gunsten anderer Menschen und der gesamten Gesellschaft verändern. Denn unser separierendes auf reduzierte Menschenbilder gründendes „Entweder-oder Denken", führt zu folgeschweren Konsequenzen und verhindert menschliches Wachstum. Es favorisiert geradezu Stress, Unzufriedenheit, Burnout und Boreout, die permanent wachsenden Machtkämpfe, Grabenkriege und das weit verbreitete, für alle Beteiligten schädliche „Gewinner-Verlierer Denken". Zurecht meint Karl Jaspers: „Der Mensch steht heute vor der Alternative: Untergang des Menschen, oder Wandlung des Menschen."

„Weil uns der Glaube an die zusammenhängende, größere Kausalität unserer Existenz und der Welt, in der wir leben, abhanden kommt, beginnen sich Kräfte in uns breit zu machen, die dem Leben unserer Mitmenschen entgegenstehen und dem eigenen Leben den Sinn und die Erfüllung rauben. Anstatt also unser ganzes Streben, unser situatives Handeln und Entscheiden auf die Konsequenz für die Anderen auszurichten, neigen wir ohne die tiefere Erkenntnis der universalen Gesetzmäßigkeiten zu einer blinden Form des Scheinerfolgs – der Egokratie und der Egomanie."[51] So wird seit Jahrzehnten unter dem Firmenschildchen der „Selbstverwirklichung" viel Egoismus gelebt. Diese „Egoneurose" hinterlässt krankmachende und sinnwidrige Spuren. Der ausschließliche Eigennutz im Sinne eines falsch verstandenen Darwinismus nach dem Motto: „Hauptsache mir geht es gut, koste es was es wolle". Die Überzeugung „Fressen um nicht gefressen zu werden", ganz im Mainstream der gängigen Wirtschaftsauffassung, führt direkt in die Sackgasse der existenziellen Frustration und des „existenziellen Vakuums. Zu Recht meint Frankl: „Der Rummel um die Selbstverwirklichung ist

51 Böswald, A.: Macht über das Ich – Führungsethik einer neuen Generation, 2001, S. 7.

ein Symptom des Scheiterns. Selbstverwirklichung sucht nur derjenige, der unfähig ist, den Sinn seines Lebens in etwas anderem zu finden als in seinem Egoismus." Sich selbst verwirklichen kann sich der Mensch laut Frankl nur über die Sinnverwirklichung, also nur dann, wenn er Wertvolles für sich und für andere Menschen bewirkt.

Einladung zum Nachdenken

Wir brauchen das Leben nicht so fortsetzen, wie wir es gestern gelebt haben.
Machen wir uns von dieser Anschauung los und tausend Möglichkeiten laden zu neuem Leben ein. **[Nossrat Peseschkian]**

Die neue Welt entsteht nicht aus dem Nichts, sondern aus uns, aus deiner und meiner Verwandlung. **[Ulrich Schaffer]**

Dieses Denken zu überwinden ist aber alles andere als bloßes Schicksal und steht deshalb jedem einzelnen frei. Natürlich ist das nichts für Menschen, die einen „Schnellimbiss" in Form eines einfachen Patentrezeptes suchen, denn es ist ein nie endender, aber lohnender Prozess, der unserem ureigensten „Mensch sein" gerecht wird.

> *Mensch sein heißt ja niemals, nun einmal so und nicht anders sein müssen, Mensch sein heißt, immer auch anders werden können."*
> **[Viktor Frankl]**

Sinnfragen

- Über welche Ihrer Haltungen freuen Sie sich ganz besonders und wie könnten Sie diese noch mehr umsetzen?
- Welche Menschen bewundern Sie wegen ihrer Haltungen?
- Welche Ihrer Haltungen würden Sie gerne verändern?

Unser Menschenbild: Dreh- und Angelpunkt für Erfolg oder Misserfolg

„Hab Achtung vor dem Menschenbild" **[Friedrich Hebbel]**

Jeder Mensch hat seine persönliche Vorstellung davon, wie die Welt funktioniert und was sie kennzeichnet. Diese seine Weltanschauung prägt auch sein Menschen- und Selbstbild.

Kernsatz

- Menschenbilder sind also Vorstellungen über das, was das Menschsein und unsere Identität ausmacht. Neben individuellen, durch biographische Faktoren, Beobachten, Wahrnehmen und Denken geprägten Anschauungen, fließen in Menschenbilder auch die dem jeweiligen Zeitgeist unterworfenen gesellschaftlichen, historischen, politischen und kulturellen Auffassungen ein.

Somit besteht die Gefahr, ein mehr oder weniger fremdbestimmtes Menschenbild zu seinem eigenen zu machen und für richtig zu halten; jedes andere, vom eigenen Entwurf abweichende, wird dann schnell und ungeprüft als falsch verurteilt.

Menschenbilder konditionieren uns in der Interaktion mit anderen Menschen und in der Bewältigung oder im Scheitern von Situationen und Herausforderungen. Dabei stehen uns häufig unbewusst und unreflektiert tief verankerte, ja oftmals verkrustete Haltungen und Überzeugungen im Wege. Zurecht empfiehlt Mertenes: „All dein Wissen gründet auf einen Glauben, mach diesen austauschbar."

Kernsatz

- Menschenbilder haben eine Filterfunktion. Sie sind die Brille, durch die wir die Welt, andere Menschen und uns selbst sehen. Menschenbilder sind Mentalmodelle, auf deren Grundlage wir Wirklichkeiten und eine Zukunft schaffen, die Erfolg oder Misserfolg programmieren kann.

Welche Menschenbilder werden uns denn heute vom Zeitgeist und von den Medien „vorgegaukelt"? Es sind die Bilder der Helden und Stars, der materiell Erfolgreichen, jener die angeblich ganz oben stehen, die Bilder der Bekannten und gesellschaftlich Anerkannten, so genannter Prominenter oder ihrer sie nachäffenden Karikaturen; Bilder der Schönen und Vollkommenen, der Mächtigen und Darsteller, der ewig Jungen und vor Gesundheit Strotzenden, der immer gut Gelaunten und immer Glücklichen, der makellos Gewachsenen und fit Trainierten, aber auch der Tabubrecher um jeden Preis, weil man so auffällt und auch wirtschaftlich äußerst erfolgreich werden kann.

Abschied von Zerrbildern!

Menschen, die aus ethischer Sicht aber oft alles andere als Vorbilder sind und als Zerrbilder unser wahres Menschsein ausblenden. Wie bereits im Kapitel 1 kurz erläutert, ist es daher nicht verwunderlich, dass Essstörungen ständig zunehmen; man muss sich nur das gängige „Schönheitsideal" vor Augen führen. Und auch die bereits erwähnte Zunahme von Angst- und Stresserkrankungen um mehr als 70 Prozent seit 1997,[52] wird unter dem Aspekt der Diskrepanz zwischen den obgenannten Bildern und der Realität verständlich.

Wenn man den oben aufgelisteten vermeintlichen „Gewinnertypen" die Fassade entfernt, tun sich im übrigen in vielen Fällen bezüglich der physischen, psychischen, sozialen und existenziellen Gesundheit wahre Abgründe auf.

Kernsatz

◆ Deshalb ist es wichtig, dass der heutige Mensch eine eigene Orientierung entwickelt, die sich an einem würdigen und realistischen Menschenbild orientiert, um nicht Opfer und Spielball von Zeitgeistlaunen zu werden und sich nicht unkritisch fremden Anschauungen zu unterwerfen.

Einladung zum Nachdenken

Verschiedene Urteile

Gestern sah ich tausend Menschen, und tausend Menschen fand ich liebenswert.
Heute sah ich wieder tausend Menschen, und tausend Menschen fand ich unsympathisch.
Gestern war einer da, der mich liebenswert fand, heute fand mich einer unsympathisch.
Nun frage ich mich, welche Menschen ich gestern gesehen habe und welche heute.

[Uwe Böschemeyer]

52 Vgl.: Das ausgebrannte Unternehmen – organisationales Burnout, in managerSeminare, Heft 125, August 2008, S. 20.

Wir gehen nun am Beispiel täglich vorkommender Ereignisse und Muster der Frage nach, welche Auswirkungen unser Menschenbild auf Gesundheit, Erfolg und Erfüllung hat. An dieser Stelle polarisieren wir ganz bewusst, um dem Leser den Sachverhalt deutlich vor Augen zu führen.

Beispiel 1

Im Wetterbericht lesen Sie, dass es in den nächsten drei Tagen regnen und für die Jahreszeit deutlich zu kalt sein wird. Das ist die Welt der Fakten, die Wirklichkeit erster Ordnung. Uns Menschen ist aber meist nicht bewusst, dass wir mit unseren Sinnesorganen und den uns zur Verfügung stehenden technischen Möglichkeiten gar nicht in der Lage sind, eine einhundertprozentig objektive Realität wahrzunehmen und somit Gefahr laufen, durch unseren Filter „Menschenbild" die Konstrukteure unserer Wirklichkeit zu werden; eine Erkenntnis, die für manchen Zeitgenossen einer narzisstischen Kränkung gleichkommt.

Wie könnte nun die Wettermeldung wahrgenommen und verarbeitet werden:

Lassen wir zuerst den Menschen mit einem negativem Welt- und Menschenbild zu Wort kommen: „Die Welt ist ein Jammertal, ein trüber Tag folgt dem anderen, ich hab doch wirklich immer Pech, hatte ich doch mit meinen Freunden eigentlich eine Radtour geplant; da vergeht einem die ganze Freude".

Im Falle eines Menschen mit positiver Weltsicht könnte die Äußerung folgendermaßen lauten: „Dann erspare ich mir das Gartengießen, ich wollte zwar Radfahren, aber ich habe so viele gute Bücher, die ich noch nicht gelesen habe; dann feuern wir halt den Kamin an und machen es uns daheim gemütlich".

Beispiel 2

Sie begegnen einem Kollegen und der macht Ihnen das folgende Kompliment: „Ihr Kleid steht Ihnen aber wirklich gut".

Als Mensch mit einem negativen Welt- und Menschenbild könnten Sie jetzt folgende Wirklichkeiten konstruieren: „Er nimmt mich auf den Arm, er will etwas von mir, warum „schleimt" der so?"

Als Mensch mit einem eher positiven Welt- und Menschenbild könnten Sie folgende Wirklichkeit konstruieren: „Das ist aber ein netter Kollege, er sieht immer bei allen das Positive, er hat einen guten Geschmack, er nimmt mich wahr und beachtet mich".

Beispiel 3
Eine anonyme Mitarbeiterbefragung ergibt, dass 95 % Ihrer Mitarbeiter mit Ihnen als Führungskraft sehr zufrieden und 5 % mittelmäßig zufrieden sind.

Als Mensch mit negativer Weltsicht sind sie sind nun ein Versager; sie konnten trotz ihres Bemühens nicht alle Mitarbeiter überzeugen.

Mit positiver Weltsicht kommen Sie zu der Überzeugung: „Das ist ein Superergebnis, meine Anstrengung lohnt sich, mach weiter so, allen Menschen kann man es nie recht machen, mit einem kleinen Prozentsatz von weniger Zufriedenen muss man immer rechnen".

An diesen drei Beispielen wird deutlich, wie wir Menschen aufgrund unseres Menschen-, Welt- und Selbstbildes die Welt der Fakten deuten; so erschaffen wir uns unsere subjektive Wirklichkeit und programmieren positive oder negative Gefühlszustände und Verhaltensweisen, die dann Auswirkungen auf uns und Andere haben.

„Mit unserer Wahrnehmung geht es uns wie dem Schizophrenen, der anstatt der Speise die Speisekarte isst, um sich nachher zu beklagen, dass es nicht geschmeckt hat. Und in einem nächsten Moment zu glauben, man wollte ihn vergiften." **[Paul Watzlawick]**

Zurecht sagen die zwei chilenischen Neurobiologen Maturana und Varela, dass das Erkennen des Erkennens das Heiligste sei. Wir müssen uns dieser Mechanismen bewusst werden, achtsam sein und die volle Verantwortung für unsere Wirklichkeitskonstruktion übernehmen.

Kernsatz

- Diese Erkenntnis lässt sich auch so formulieren: Sieh anders und die Wirklichkeit ändert sich, arbeite an Deinem Menschenbild und dein Geist beobachtet anders!

Einladung zum Nachdenken

Welt und Menschen können nicht rational dargestellt werden. Die im Kopf gespeicherte „Geländekarte" ist nicht das Gelände selbst. Spätestens seit der Quantenphysik ist klar, dass der Beobachter und das Beobachtete untrennbar sind.

Der Beobachtereffekt ist ein Hauptlehrsatz der Quantenphysik. So wird die Quantenmechanik zur perfekten Magie:
Der Geist des Beobachters ist so wichtig wie das Beobachtete selbst. Wie wir beobachten bestimmt unsere Zukunft und unsere Wirklichkeit.
[Richard Matheis]

Unser Menschenbild: Das Fenster durch das wir Welt und Menschen sehen

Unser Menschen-, Selbst- und Weltbild bestimmt also unser Beobachten, Wahrnehmen und Erkennen. Das Erkennen wiederum bestimmt unser Denken und Fühlen und schließlich das Handeln und Verhalten. Unser Denken und Fühlen hat Magnetwirkung, denn wir ziehen immer das an, was wir ausstrahlen. So sind unsere Erfahrungen exakt das materialisierte Ergebnis unseres Denkens, denn aus der Quantenphysik wissen wir, dass die Materie der Energie folgt. Schon Sokrates sagte: „Achte auf deine Gedanken, denn sie sind die Vorboten deines Tuns." Bestätigend für unsere Theorie erweist sich auch ein weiterer interessanter Hinweis aus der Neurophysiologie: „Einem Menschen laufen tagsüber etwa 5000 Gedanken durch den Kopf. Bei Männern sind es etwa 3000 bis 5000 Gedanken, bei Frauen sogar 7000 bis 9000".[53] Das sind unsere inneren Kommentare, die unbewusst ablaufen und unser Menschen- und Weltbild mitgestalten. Wenn wir täglich 5000 positive oder negative Gedanken produzieren, hat dies enorme Auswirkungen auf unser körperliches, seelisches, soziales und existenzielles Befinden, aber auch auf unsere Ausstrahlung und unseren Gesichtsausdruck. Somit wird verständlich, dass freudige Menschen anziehend wirken, während Negativität und Trübsal andere Menschen eher abschreckt. Sicherlich haben wir alle unsere Erfahrungen und Vorurteile Situationen und Menschen gegenüber. Entscheidend ist aber, wie wir damit umgehen. Das Festhalten an festen Prinzipien, an Erfahrenem, an Vorurteilen lässt uns zu Geizhälsen des Denkens verkommen und verschließt uns neue Perspektiven, die uns ermöglichen könnten, unseren Mitmenschen und letztlich uns selber gerechter zu werden.

Auf die Gedanken achten!

„Betrachte nur die Dinge von einer anderen Seite, als du sie bisher ansahst. Denn das heißt ein neues Leben zu beginnen." **[Marc Aurel]**

53 Vgl. Hadinger, B.: Armes Opfer oder faszinierende Frau? – Entrümpelung destruktiver Gedanken, in ORF Vorarlberg, Studioheft, 46, 2006 S. 8.

Sinnfragen

- Sind Sie sich Ihres Menschenbildes bewusst, oder entdecken Sie, dass sich fremde Anschauungen eingeschlichen haben?
- Wenn Sie Situationen und Menschen beobachten, was fällt Ihnen zuerst auf; das was Ihnen gefällt, oder das was Ihnen missfällt?
- Was würde passieren, wenn Sie sich für eine Woche lang bewusst auf Ihre Wahrnehmung konzentrieren würden?

Ein würdiges Menschenbild Voraussetzung für Gesundheit, Erfolg und Erfüllung

„Ich stelle mir vor, wie immer mehr Menschen auf der ganzen Erde den Sprung in ein neues Denken wagen. Von Generation zu Generation müssen die Inhalte dieses Denkens neu beschrieben werden. Jetzt sind wir dran." **[Ulrich Schaffer]**

Wenn unser Menschenbild unsere Identität widerspiegelt und über unsere innere und äußere Wahrnehmung unser Mentalmodell bestimmt, dann ist es naheliegend, dass wir ein würdiges Menschenbild brauchen.

Kernsatz

- Das sinnzentrierte Menschenbild von Frankl repräsentiert ein ressourcenorientiertes, menschenwürdiges und stärkenorientiertes Denkmodell. Er will den Menschen in die Selbstverantwortung und Authentizität führen. Sein Menschenbild hilft uns, die geistige Einstellung und Grundhaltung zu uns selbst und anderen Menschen zu reflektieren und Einsicht in die tieferen Fragen des Lebens und des Lebenssinns zu erwerben. Auf diesem Fundament kann jeder Mensch sein Bestes geben und seine Potenziale entfalten.

Die wichtigsten Ansätze aus diesem so wichtigen Menschenbild sollen hier kurz vorgestellt werden.

Das Menschenbild von Frankl ist das dreidimensionale bestehend aus Körper, Seele und Geist, wobei die geistige die entscheidend humane Dimension ist. Die geistige Dimension unterscheidet den Menschen von allen anderen Lebewesen. Sie ist die Dimension des Sinn- und Wertespürens. Sie ist die Grundlage für die Entwicklung einer hohen spirituellen Intelligenz; jener Intelligenz, die eigenes und anderes Leben lebenswert macht. Die geistige Dimension ist die einzige Ressource, die uns grenzenlos zur Verfügung steht. Sie wird demnach zur entscheidenden Ressource der Zukunft avancieren. Sie ist die wertende und bewertende Instanz, das Gewissen. Die Komponenten der geistigen Dimension sind

1. die Freiheit,
2. die Verantwortung,
3. die Selbstdistanzierung
4. und die Selbsttranszendenz.

Einladung zum Nachdenken

Das Flugzeug in den Lüften
Das Geistige ist nicht etwas, das den Menschen bloß kennzeichnet, nicht anders als etwa das Leibliche und das Seelische dies tun, die ja auch einem Tier eignen; sonder das Geistige ist etwas, das den Menschen auszeichnet, das nur ihm und erst ihm zukommt.
Ein Flugzeug hört selbstverständlich nicht auf, eines zu sein, auch wenn es sich auf dem Boden bewegt: es kann, ja es muss sich immer wieder auf dem Boden bewegen! Aber dass es ein Flugzeug ist, beweißt es erst, sobald es sich in die Lüfte erhebt – und analog beginnt der Mensch, sich als Mensch zu verhalten, nur wenn er aus der Ebene psychophysisch-organismischer Faktizität heraus- und sich selbst gegenübertreten kann – ohne darum auch schon sich selbst entgegentreten zu müssen. Dieses Können heißt existieren, und existieren meint: über sich selbst immer auch schon hinaus sein. **[Viktor Frankl]**

Wie können wir nun die Potenziale der geistigen Dimension nutzen, lebbar und erlebbar machen?

1. Was bedeutet Freiheit?

Durch das Geschenk der Freiheit sind wir Menschen nach Frankl *nicht frei „von Etwas", sondern frei „zu Etwas"*. Aufgrund seiner geistigen Freiheit ist der Mensch nicht Opfer einer Situation, sondern ihr Gestalter. Der Mensch kann sich über Determinierungen und Beschränkungen im Rahmen seiner vorgegebenen Möglichkeiten, hinwegsetzen und wachsen. Aufgrund seiner Freiheit ist der Mensch aufgerufen zu planen, zu unterscheiden und zu entscheiden zwischen den sich bietenden Möglichkeiten. Es liegt an ihm selbst, sein

Leben und seine Zukunft zu gestalten, diese Möglichkeiten aufzugreifen oder liegen zu lassen.

Kernsatz

- Frankl erlöst somit den Menschen von seiner bedingungslosen „Schicksals- und Opferrolle" und führt ihn zurück in die Authentizität und Verantwortung. Es ist der ideale Geist und Stimulus für menschliches Wachstum, ein gelingendes Miteinander und für ein trotz Einschränkungen erfülltes Leben.

Menschen sind nicht frei von Bedingtheiten, aber frei in der Entscheidung, wie sie mit den sich ihnen stellenden Bedingtheiten umgehen. Wir sind demnach nie und nimmer Opfer der Probleme, der Situationen und anderer Menschen, sondern wir sind Gestalter und wenn es sein muss, auch Umgestalter! Wir können über die Entwicklungen jammern und in die erfolglose Opferrolle flüchten. Das Geschenk der Freiheit ermöglicht es uns, die Probleme als Herausforderung anzunehmen und sich ihnen zu stellen. Wir können den Problemen trotzen, nach kreativen Möglichkeiten suchen und das Beste aus der jeweiligen Situation machen. Darin liegt unsere Chance. Doch wie sagte schon George B. Shaw: „Freiheit bedeutet Verantwortlichkeit; das ist der Grund, weshalb die meisten Menschen sich vor ihr fürchten." Wollen wir aber Architekten unseres Lebens, Leistens, Wirkens und Be-Wirkens sein, müssen wir uns der Freiheit und der vollen Verantwortung stellen, denn das ist wirkliches Leben.

Kernsatz

- Was unsere Welt händeringend braucht sind Menschen in den verschiedensten Positionen, die den Mut haben, Stellung zu nehmen und sinnvolle Entscheidungen zu treffen.

Für Frankl ist die Freiheit der Person immer *„Freiheit vom So Sein zum Anders-Werden."* Das heißt, wir müssen nicht die bleiben, die wir sind. Nehmen wir die Möglichkeiten an, die uns diese Freiheit eröffnen, können wir die werden, die wir sein könnten.

Beide Pole – „das Gute" und „das Böse", das Positive und das Negative sind im menschlichen Wesen verankert. Es ist der Freiheit und der Verantwortung eines jeden Menschen überlassen, sich zwischen diesen Polen zu definieren; entweder durch verantwortetes, das heißt gewissenhaftes Tätigsein oder durch unverantwortetes Untätigsein beziehungsweise Unterdrücken des Gewissens. Das Bewusstwerden und Annehmen der Polarität und des Wechselspiels von „sowohl als auch" in der Welt, in anderen Menschen und uns selbst ist die Grundlage für den möglichen Quantensprung zu echter Menschlichkeit.

2. Was bedeutet Verantwortung?

Verantwortung steht für die ethische Reflexion. Es geht um die Frage des transsubjektiven Sinnes, des Sinnes also, der den Eigennutz übersteigt und die Werte in der Welt erhält und vermehrt. Verantwortung ist Ausdruck meiner Verbundenheit mit einem Menschen, mit einer Idee oder einer Sache. Verantwortlich sein, das heißt: sich widmen.

Kernsatz

- Sich hingeben wollen, für etwas da sein wollen, ist freiwilliges Sich-Verpflichten. Für etwas verantwortlich sein heißt: es lieben – im Bewusstsein, damit im Sinne meines höchsten Wertes zu leben. Verantwortung ist Engagement für seine Werte.[54]

Verantwortung kommt also von innen während Pflicht von außen kommt. Verantwortung geht weit über bloße Pflichterfüllung hinaus.

Pflichterfüllung heißt Verordnetes, Vorgegebenes und Fremdbestimmtes zu erfüllen.

Verantwortung hingegen bedeutet in Freiheit zu entscheiden, Stellung zu nehmen und von innen heraus in jeder Situation bereit zu sein, sein Bestes zu geben.

Kernsatz

- Verantwortung in diesem Sinne zu leben heißt Persönlichkeitsstärke zu entwickeln und die Persönlichkeit zu werden, die man sein kann.

Wenn wir verantwortungsvoll unsere Werte leben und Sinnvolles bewirken, steigt unser Vertrauen und unser Ansehen. Vertrauen und Ansehen sind das bedeutendste Kapital eines jeden Menschen und auch eines Wirtschaftsunternehmens.

3. Was bedeutet Selbstdistanzierung?

Selbstdistanzierung meint die Fähigkeit des Menschen, sich selbst gegenübertreten bzw. entgegentreten zu können und damit seine geistige Fähigkeit, sich von seinen Bedingtheiten zu distanzieren,

54 Längle, A.: Sinnvoll Leben – Wegweiser zum Leben, 2. Auflage St. Pölten – Wien, 1989, S. 87.

ihnen nicht ausgeliefert zu sein. In dieser Fähigkeit liegen die Potenziale menschlichen Wachstums und Fortschritts. Das Geschenk der Selbstdistanzierung befähigt uns, unser Denken, Tun und Handeln ständig kritisch zu hinterfragen und aus unseren Fehlern zu lernen. Lernend können wir wachsen, jeden Tag ein bisschen besser werden. Dadurch werden wir für andere Menschen attraktiver, haben eine ganz besondere Ausstrahlung und Anziehungskraft.

Auch der von Frankl geprägte Satz

„Muss man sich denn auch alles von sich gefallen lassen?"

ist ein zentraler Kernsatz für die notwendige Selbstdisziplin, die reife Persönlichkeiten brauchen, um aus sich selbst das Beste zu machen und den Worten eines Dichters zu trotzen: „Der, der ich bin, blickt traurig auf den, der ich sein könnte".

Die Trotzmacht des Geistes

Diese Fähigkeit der Selbstdistanzierung umfasst die von Frankl benannte „Trotzmacht des Geistes". Exakt in dieser „Trotzmacht des Geistes" liegt die Fähigkeit, die wachsenden Herausforderungen und Probleme anzunehmen und trotz Einschränkungen und unerfüllten Erwartungen, eben *trotzdem* nicht aufzugeben, sondern nach neuen Möglichkeiten zu suchen; ein riesiges Potenzial an Lebensfreude, Energie und Motivation für Familien, Unternehmen, Schulen und die gesamte Gesellschaft.

4. Was bedeutet Selbsttranszendenz?

Durch die Fähigkeit der Selbsttranszendenz sind wir in der Lage, uns in ein „DU" zu „versenken" ohne darin verloren zu gehen. Das „Du" kann eine Situation, eine Sache oder ein Mensch sein. Wenn wir diese unsere Fähigkeit nutzen, sind wir in der Lage mit voller Leidenschaft und Engagement bei den uns anvertrauten Menschen und Aufgaben zu sein. Dadurch bringen wir unsere Existenz zum Gelingen und steigern unseren Selbstwert in dem Bewusstsein, für etwas gut zu sein.

In Hingabe Sinn erfahren

„Zum Wesen des Menschen gehört das Hingeordnet- und ausgerichtet Sein, sei es auf etwas, sei es auf jemand, sei es auf ein Werk oder auf einen Menschen, auf eine Idee oder auf eine Person! Und nur in dem Maße, indem wir solcherart intentional sind, sind wir existenziell, nur in dem Maße, indem der Mensch geistig bei etwas oder bei jemandem ist, nur im Maße solchen Beiseins ist der Mensch bei sich."

[Viktor Frankl]

Vor diesem Hintergrund bedeutet Leben umfassendes „Mensch sein." So wirken wir authentisch, sind Vorbilder und erfahren Wertschätzung.

Wenn wir unsere geistigen Fähigkeiten in diesem Sinne nutzen, können wir Sinnspuren für uns selbst, für andere Menschen und die Institutionen, in denen wir wirken, hinterlassen.

Kernsatz

- Nach Frankl ist „der Wille zum Sinn" die Primärmotivation aller Menschen. Wo Sinn ist, ist Motivation. Sinnfragen werden immer mehr zu zentralen Lebensfragen. Hier bietet sich für uns eine weitere Möglichkeit darüber nachzudenken, wie wir selbst Sinn verwirklichen und den uns anvertrauten Menschen Sinnmöglichkeiten bieten können.

Verschiedene wissenschaftliche Untersuchungen belegen, dass Sinnorientierung salutogenen, also gesundheitserhaltenden Charakter hat.[55]

Die Voraussetzungen für eine hoffnungsvolle Zukunft schaffen

Die Mentalmodelle unseres Menschenbildes schaffen unsere Wirklichkeit und prägen unsere Zukunft. „Orientieren wir uns an einem würdigen Menschenbild, so schaffen wir jene Voraussetzungen, die für uns und andere Menschen lebensfreundlich und gesundheitserhaltend sind. Zu Recht sagt Matheis:[56]

> *„Sag mir welche Vision, welches Mentalmodell du hast, und ich sage dir, was aus dir wird: Der Pechvogel hat seine Pech-Vision, der Glückspilz hat seine Glückspilz-Vision, das Würstchen seine Würstchen-Vision, der Kranke sein Krankheits-Vision, der arme seine Armuts-Vision, der Bettler seine Bettler-Vision, der Millionär seine Millionärs-Vision."*

Orientieren wir uns am würdigen und sinnzentrierten Menschenbild, gehen wir mit uns selbst und anderen Menschen besser um und handeln sinnvoll.

„Die Reiche der Zukunft sind Reiche des Geistes." **[Winston Churchill]**

---

55 Vgl. Antonovsky, A.: The development ov a sense of coherence scale andits impact on responses to stresssituations, 1984.
Vgl. Kuhl, J.: Die Kunst der Selbstmotivierung, Neue Erkenntnisse der Motivationsforschung praktisch nutzen, 2. Auflage, 2005.

56 Matheis, R.: Leadership Revolution – Aufbruch zur Weltspitze mit neuem Denken, Frankfurt, 1995, S. 255.

Sinnfragen

- Haben Sie schon darüber nachgedacht, dass menschliche Freiheit immer nur eine bedingte und niemals eine bedingungslose sein kann?
- Wie könnten Sie Ihre Freiräume im Rahmen der Familie, der Freunde und der Arbeit noch besser nutzen?
- Was würde passieren, wenn sie jeden Tag Ihr Tun und Handeln kurz überdenken würden?

6. Lebenskunstmanagement und ganzheitliche Gesundheitsgestaltung: Was ist möglich?

◆

Bevor du nicht Frieden
geschlossen hast mit dem, der du bist,
wirst du niemals zufrieden sein mit dem,
was du hast.

[Doris Mortman]

In jedem von uns wohnt ein Schauspieler,
der uns durchs ganze Leben begleitet und
nach schönen Rollen verlangt,
um sie zu spielen.

[Albert Schweitzer]

Was Lebenskunst bedeutet

„Das wichtigste für den Menschen ist der Mensch. Da liegt nicht bloß sein Glück, da liegt auch seine Gesundheit." **[Theodor Fontane]**

Lebenskunst zum Verwirklichen von Erfolg und Erfüllung erfordert ein Leben, „das um dessen Bestimmung und Erfüllungssehnsucht weiß"[57]; der Lebenskünstler erkennt die facettenreiche menschliche Existenz und durchschaut das Leben mit all seinen Möglichkeiten und Grenzen; er macht das Beste aus sich, sucht und gestaltet seinen eigenen Weg. Lebenskunst erfordert eine Daseinshaltung, die von oberflächlichem Selbstverwirklichungs- und Erfolgsdenken, dem Getriebensein und dem Egoismus befreit; eine Einstellung, die es ermöglicht, zu den tieferen Fragen des Lebenssinns vordringen.; lebensbejahend, realistisch und im Einklang mit dem allgemeinen Bemühen um gesellschaftlichen Fortschritt.

Lebenskunst ist die Fähigkeit

- die absoluten Grenzen der menschlichen Existenz zu erkennen und zu respektieren; gleichzeitig aber zu versuchen, flexible Gren-

57 Vgl. Gräb-Schmidt, E.: Kunst als Lebenskunst – Religion und Kunst als Aspekte der Lebensgestaltung, in: Die Kunst sinnvoll zu leben, Wolfram Kurz (Hrsg.), Tübingen 2008, S. 168.

zen zu überschreiten; einen schöpferischen Prozess auszulösen, sodass so neue heilsame Lebensmöglichkeiten entstehen".[58]
- das Leben nicht einfach nur passieren zu lassen, sondern gestaltend in seiner Mitte zu stehen und die Freiräume zu nutzen.
- Ausdauer und Hartnäckigkeit zu entwickeln.
- sich beim eigenen Handeln an einem würdigen Menschenbild zu orientieren.
- Leben, Leisten und Wirken als Möglichkeit zwischen Scheitern und Gelingen begreifen, auch Fehler zu akzeptieren und daraus zu lernen.
- sowohl die hellen als auch die dunklen Seiten des Lebens zu bejahen; den Blick aber stets auf das Gute und Gelungene zu richten, „das Glas nicht als halbleer, sondern als halbvoll zu betrachten".
- Leben als Balance zwischen individuellem Wohlfühlen und sozialer Rücksichtnahme zu meistern.
- die Ambivalenz jedes Menschen, seine Sonnen- und Schattenseiten, zu erkennen und zu akzeptieren.
- zu begreifen, dass wir zum Glücklichsein Sinn brauchen.
- Sinnvolles für uns und andere Menschen zu bewirken, um Sinnspuren zu hinterlassen.

Sinn oder Logos im Sinne Viktor Frankl's intendiert immer das Positive das Gute für alle Beteiligten und verhindert so das krank machende „Gewinner-Verlierer Denken". Diesem Zweck dient auch unser Sinnkompass; als Orientierungshilfe für sinnvolle Haltungen, Entscheidungen und Lebenskunst:

Mit dem Sinnkompass zum Lebenskünstler werden

Sinnvoll sind unsere Haltungen und Entscheidungen:

1. Wenn sie sich am Nutzen und der nachhaltigen Verbesserung aller gesellschaftlichen Institutionen wie zum Beispiel Familie, Schule und Unternehmen orientieren.
2. Wenn sie die Verbesserung der Lebensqualität sämtlicher von dieser Entscheidung betroffen Menschen berücksichtigen.
3. Wenn sie im positiven Sinne nachhaltig für die Entwicklung und Zukunft der Weltgemeinschaft sind.
4. Wenn sie für uns selbst gut sind.

58 Achtner, W.: Ethik und Lebenskunst – Naturwissenschaft und der Traum, einen besseren Menschen zu schaffen, in: Die Kunst sinnvoll zu leben, Wolfram Kurz (Hrsg.), Tübingen 2008, S. 143.

Dieser Sinnkompass schließt auch die vier platonischen Kardinaltugenden Weisheit, Gerechtigkeit, Maßhalten und Tapferkeit ein. Mit Hilfe des Sinnkompasses entwickeln wir mehr Selbstvertrauen und werden entscheidungsfreudiger. Wir beabsichtigen prinzipiell das Gute, können mit gutem Gewissens aber auch aus eventuellen Fehlentscheidungen lernen und mit ihnen gelassener umgehen; Gelassenheit ist Balsam für unsere Seele. Dazu bemerkte der amerikanische Schriftsteller Benjamin Franklin: „Ein gutes Gewissen ist wie Weihnachten und Ostern".

Kernsatz

- Lebenskunst orientiert sich am Sinn, ermöglicht Erfolg und Erfüllung und hat, wie wissenschaftliche Studien belegen,[59] auch salutogenen, also gesunderhaltenden Charakter.

Einladung zum Nachdenken

Einstellungen zum Leben

Nein, es wird so lange wir leben, kein Paradies auf Erden geben. Immer wieder wird uns ein Mensch über den Weg laufen, der uns verletzt. Immer wieder wird ein Brief in unserem Kasten liegen, der schwer verdaulich ist. Immer wieder wird die Angst die Anlässe suchen, die uns aus dem Lande der Lust vertreiben. Nein, die Welt da draußen wird sich nicht ändern.

Ändern jedoch können wir unsere Einstellung zum Leben.
In welche Weise?
So, dass wir den hellen Passagen unserer Zeit immer aufmerksamer begegnen,
sie so weit wie möglich ausleben,
und immer williger das Dunkle in unseren Zeiten
auf das hin befragen,
wozu es da ist, da sein kann, da sein muss.

Alles, dem wir begegnen, das Helle wie das Dunkle,
ist eine Herausforderung zum Leben! **[Uwe Böschemeyer]**

59 Vgl. Kuhl/Antonowsy: Österreichische Kammer für Psychiatrie.

Sinnfragen

- In welchen Haltungen und Handlungen erkennen Sie sich bereits als Lebenskünstler?
- Welche Haltungen und Handlungen möchten Sie noch mehr ausleben und darin Meisterschaft erwerben?
- Welche Ihrer Haltungen und Handlungen möchten Sie ändern?

Lebenskunstmanagement und ganzheitliche Gesundheit

„Niemand ist unter einem schlechten Stern geboren. Aber es gibt Menschen, die den Himmel nicht richtig deuten können." **[Dalai Lama]**

Was kann Lebenskunstmanagement konkret und praktisch für die physische, psychische, soziale und existentielle Gesundheit leisten? Wie können wir, ohne dem gesundheitsreligiösen Wahn zu verfallen, aktiv und durchaus auch genussfreudig zu unserer Gesunderhaltung beitragen?

Zunächst werden wir die Möglichkeiten schildern, die physische Gesundheit mit Maß und Verstand zu unterstützen. Psychische, soziale und existentielle Gesundheit und die Möglichkeiten ihrer positiven Mitgestaltung werden in einem zweiten Kapitel zusammenfassend erläutert, da es in diesen Bereichen zahlreiche Überschneidungen und Gemeinsamkeiten gibt.

„Ein guter Kaufmann investiert in vier Bereiche des Lebens: Gesundheit, Beruf, Familie, Mitmenschen und Zukunft. **[Nossrat Peseschkian]**

Lebenskunstmanagement und physische Gesundheit

„Tu Deinem Leib etwas Gutes, damit die Seele Lust hat, darin zu wohnen." **[Teresa von Avila]**

Nach großen präventivmedizinischen Studien über langlebige Populationen wie zum Beispiel die Einwohner Kretas mit der höchsten Lebenserwartung in Europa oder die Bewohner der japanischen Insel Okinawa mit einer durchschnittlichen Lebenserwartung von 85 Jahren, kann über die folgenden Faktoren des Lebensstils Gesundheit in positivem Sinn mit gestaltet werden:[60]

---

60 Vgl. Bamberger, C.: Besser leben, länger leben, 2006, S. 53.

- Bewegung,
- Ernährung,
- Genussmittelkonsum,
- Strahlenschutz,
- Sexualität,
- Schlaf.

1. Lebenskunstmanagement und Bewegung

Ohne Bewegung keine Gesundheit!

Der Mensch ist mit seinem „Steinzeitkörper" als Jäger oder Sammler also als Lauftier konzipiert. Knochen, Muskeln, Gelenke und Sehnen bilden den Bewegungsapparat; der wird unter den heutigen Lebensbedingungen allerdings häufig als Sitz- oder Liegeapparat missbraucht, anstatt bewegt zu werden. Auch das Herz- Kreislaufsystem, die Organe der Atmung, der Verdauungstrakt, der Stoffwechsel, die endokrinen Funktionen und die Psyche verlangen für eine optimale Funktion eine angemessene körperliche Betätigung.

Bewegung muss sein

Wissenschaftlich ist die präventivmedizinische Wirkung von regelmäßiger gesundheitswirksamer körperlicher Bewegung und Sport in Form von Ausdauertraining eindeutig belegt:

- Prophylaxe des metabolischen Syndroms,[61] ein riskantes Quartett aus Übergewicht, Blutdruckhochdruck, Fettstoffwechselstörungen und Übergewichtszuckerkrankheit.
- langfristige Gewichtsstabilisierung[62]; präventive Effekte treten bei Übergewichtigen auch schon unabhängig von der erzielten Gewichtsabnahme auf. [63]
- geringeres Osteoporoserisiko.[64]
- geringeres Risiko für Tumoren: 3 mal 1Stunde oder 5 mal 45 Minuten moderates Ausdauertraining senkt das Risiko für das Dickdarm Carcinom um 50%, das Mamma- und Prostata Carcinoms um 60%.[65]

---

61 Vgl. Klare, W. R.: Bewegung gehört dazu wie das Zähneputzen MMW-Fortschr. Med. Nr. 19/2007.

62 Vgl.: Adipositas-Prävention www.dgsp.de/wissen_heute/empfehlungen/adipositas.html.

63 Vgl. Pollmer, U.: Lexikon der populären Ernährungsirrtümer; 2000. S. 292 ff.

64 Vgl.: Osteoporose: Bewegung und Sport zur Vorsorge und in der Rehabilitation. Prof. Dr. Weiß www.bfo-aktuell.de/wot2003/4.html.

65 Vgl. Pape, D. et al.: gesund, vital, schlank, 2004 S. 166.

- besserer Schutz vor Erkältungskrankheiten durch ein funktionsfähiges Immunsystem.[66]
- antidepressive Wirkung:[67] Ausdauertraining stabilisiert die Stimmungslage durch Ausschüttung der „Glückshormone“ Serotonin und Dopamin sowie der Endorphine.

Warum Bewegung gut tut

- Verbesserung der Hirnleistung durch Zunahme der Hirndurchblutung, Förderung der Synapsenbildung und Neubildung von Nervenzellen; auch das Demenzrisiko ist reduziert.[68]
- Schutz vor stressbedingten Krankheiten.[69]
- Kräftigung und Training des Bewegungsapparates.[70]
- Effektive Verlängerung der gesunden Lebenserwartung, mit dem populären Zeitgeistbegriff des „Anti-Aging“ gleichzusetzen.

Die gute Nachricht für den weniger sportbegeisterten Leser: es muss nicht Sport sein, denn das medizinisch sinnvolle Maß ist durch gesundheitswirksame körperliche Aktivität bereits erfüllt; das erfordert einen zusätzlichen Energieverbrauch von 1500–2000 Kcal pro Woche durch Bewegung.

Dieses Ziel ist durch die folgenden Aktivitäten zu erreichen: Jede Gelegenheit zur Bewegung im Alltag nutzen; möglichst zu Fuß gehen oder das Fahrrad benutzen, Treppen steigen und Aufzüge meiden. Sportwissenschaftler haben festgestellt, dass allein das Benutzen des Fahrrades anstatt eines Autos bei Münsteraner Studenten zu einem Mehrverbrauch von 1200 Kcal/Woche führte.[71]

An mindestens drei bis fünf Tagen pro Woche 30–45 Minuten leichtes Ausdauertraining:

- zügig Spazierengehen oder Wandern
- Nordic walking
- Fahrrad fahren

---

66 Ebenda S. 167.

67 Vgl. Babyak, M./Blumenthal J. A./Herman, S. et al.: Exercise treatment for major depression: maintenance of therapeutic benefit at 10 months. Psychosomatic Medicine 2000;62: S. 633–638.

68 Vgl. Pape, D. et al.: satt, schlank, gesund 2003, S. 175–177.

69 Vgl. Bamberger, Ch.: Stressintelligenz, 2007, S. 86.

70 Vgl. Pape, D. et al..: gesund, vital, schlank, 2004 S. 169–172.

71 Vgl. Hürter, T. et al.: Wie gesund ist Sport wirklich? ZEIT Wissen 2008 S. 12–23.

- Schwimmen
- Gartenarbeit
- Golf spielen.

Zur Überprüfung der Effektivität der körperlichen Aktivität eignet sich die Pulsmessung, intermittierend am Handgelenk oder mit einer Pulsuhr. Die Herzfrequenz sollte dabei ca. 50–65 % der maximalen Herzfrequenz betragen. Die maximale Herzfrequenz errechnet sich aus der Formel 220 – Lebensalter und beträgt für eine/einen Fünfzigjährige/n 170 Schläge pro Minute. Die eine gesundheitswirksame Bewegung garantierende Herzfrequenz liegt somit für diese Altersstufe zwischen 85 und 110 Schlägen pro Minute. Wollen Sie gleichzeitig Ihr Körperfett zur Energiegewinnung heranziehen und damit abbauen, sollte der Puls 60–75 % der maximalen Herzfrequenz erreichen; körperliche Bewegung mit einem Puls von 70–85 % der maximalen Herzfrequenz verbessert Ihre Fitness.

Bewegung oder Sport?

Sport umfasst mehr als gesundheitswirksame, körperliche Aktivität. Sport beinhaltet Unterhaltung und Spaß, Leistung, Wettkampf, Streben nach mehr Fitness und einem muskulösen Körper. Sport garantiert nicht unbedingt einen zusätzlichen Gewinn für die Gesundheit und ist nur positiv, solange man den eigenen Körper nicht überfordert. Besonders ehrgeizige Anfänger und Hobbyathleten, die nur am Wochenende exzessiv Sport treiben, riskieren, ihrem Körper mehr zu schaden als zu nutzen.

Kernsatz

◆ Bewegung tut gut; Sport macht fitter, ist aber nicht unbedingt gesünder!

Bei falschem Ehrgeiz, Nichtbeachten der Warnsignale des Körpers, Auswahl des für die eigenen physischen Voraussetzungen ungeeigneten Sports und Beginn der sportlichen Aktivität erst im höheren Erwachsenenalter drohen:

- Sportunfälle: 1,2 Millionen Menschen pro Jahr in Deutschland.[72] Das sind mehr Unfallopfer als im Straßenverkehr.
- Sportschäden, vor allem am Bewegungsapparat.
- Schwächung des Immunsystems durch vermehrte Produktion schädlicher freier Radikaler und daraus resultierendem oxidativem Stress; wird das körpereigene antioxidative Schutzsystem

72 Vgl. Hürter, T. et al.: Wie gesund ist Sport wirklich? ZEIT Wissen 2008 S. 12–23.

überfordert, können zelluläre und subzelluläre Strukturen geschädigt werden.

- Beschleunigung von Alterungsprozessen.
- Schwere gesundheitliche Schäden und Todesfälle, wie beim Zugspitzenlauf 2008.

Bezüglich gesundheitsförderlicher sportlicher Betätigung sollten die folgenden Grundregeln beachtet werden:

Sport treiben – aber richtig!

- Sportarten, die in der Jugend erlernt und regelmäßig praktiziert wurden, können meist auch im Alter noch problemlos ausgeübt werden.
- neben Ausdauer- sollten auch Kraft- Koordinations- und Beweglichkeitstraining berücksichtigt werden. Das Krafttraining ist dabei besonders wichtig, da auf diese Weise Erkrankungen des Bewegungsapparats und Verletzungen sehr effektiv vorgebeugt werden kann. Außerdem wird der altersbedingte Muskelabbau von ca. 500 Gramm pro Jahr gebremst. Das Koordinations- und Beweglichkeitstraining durch Sportarten mit komplexen Bewegungsabläufen (Gymnastik und Tanzen) dient vor allem der Verletzungs- und Sturzprävention.
- Ab dem 40zigsten Lebensjahrs sollte vor Beginn einer neuen sportlichen Betätigung unbedingt eine sportmedizinische Untersuchung mit Ergometrie, Lactatmessung und/oder Spiroergometrie durchgeführt werden, um Durchblutungsstörungen des Herzens aber auch andere Risikofaktoren vor Trainingsbeginn zu erfassen und einen optimalen Trainingsplan zu erstellen.
  Vor dem 40zigsten Lebensjahr ist eine solche Untersuchung nur bei eingeschränkter physischer oder psychischer Gesundheit notwendig.
- Gesunder Sport ist auch ohne Labortest möglich; „Laufen ohne Schnaufen" bedeutet 4 Schritte ein- und vier Schritte ausatmen. Beim Radfahren gilt die gleiche Formel für die Umdrehungen beim Treten; beim Schwimmen sollte man nach jedem zweiten Zug atmen. Diese Regeln garantieren ein Training im aeroben Bereich ohne jedes Risiko der Überforderung.
- Saubere Technik erlernen, auf Warnzeichen des Körpers, zum Beispiel Schmerzen, Erschöpfung und Koordinationsstörungen achten und diese nicht ignorieren.
- Bei fieberhaften Erkrankungen Sportpause.

Einladung zum Nachdenken

In diesem Zusammenhang interessant ist die Tatsache, dass der Spruch „mens sana in corpore sano", ein verkürztes Zitat aus den Satiren des römischen Dichters Juvenal (60–127 n. Ch.), keineswegs wie die bekannte „Wellnessparole", sondern korrekt im Sinne von „beten sollte man darum, dass in einem gesunden Körper ein gesunder Geist sei" übersetzt wird. Juvenal hat also als Satiriker keineswegs behauptet, dass ausschließlich in einem gesunden Körper ein gesunder Geist stecke, sondern nur – da er meist das Gegenteil davon erlebt hatte – dass es wünschenswert sei, wenn dem so wäre. Juvenal hat also den schon zu seiner Zeit üblichen Sportkult mit seinen Idolen parodiert.[73]

2. Lebenskunstmanagement und Ernährung

Ernährung bedeutet genussvolles Essen

Die Ernährung hat in unserer Überflussgesellschaft einen hohen Stellenwert; die Diskussion hat bisweilen schon einen weltanschaulich-religiösen Charakter und findet größte Aufmerksamkeit in den Medien, der Gesundheitsindustrie, den Selbsthilfeorganisationen, den Krankenkassen und der Politik. Ein Maximum an gesellschaftlichem Engagement kontrastiert dabei in paradoxer Weise mit der rasanten Zunahme ernährungsabhängiger Krankheiten; in der Plusvarianten, Übergewicht und Fettsucht, aber auch der Minusvarianten Anorexie und Bulimie. Über- und Fehlinformation verwirren auch hier, manipulieren und entmündigen den Menschen und lassen sein seit Jahrtausenden entwickeltes Gespür für die Auswahl der richtigen Nahrungsmittel in der notwendigen Menge verkümmern. Die Gründe für diese Entwicklung sind zahlreiche und bereits im Kapitel 1 erwähnt.

Genussvolles Essen – nicht Ernährung!

Kernsatz

- Hier bedarf es eines Umdenkens auf breiter Front. Wir müssen auch in Ernährungsfragen wieder mehr Körpergefühl entwickeln, unsere eigenen Experten werden und mit allen Sinnen genießen lernen.

73 Vgl.: Wikipedia, mens sana in corpore sano; 13. 9. 2008

Nur genussvolles Essen garantiert langfristig gesundheitsförderliche Ernährung und sollte

- schmackhaft und sättigend,
- verträglich,
- bedarfsgerecht,
- umwelt- und sozialverträglich sein.

Essen muss schmecken und sättigen. Essen und Trinken gehört zu den sichersten Genüssen und Freuden im Leben und spielt in allen Kulturen der Welt im sozialen Zusammenleben eine wichtige Rolle. Jeder Versuch einseitiger aufgezwungener Ernährungsmodifikation ist auf Dauer zum Scheitern verurteilt. Neben dem Einkauf qualitativ hochwertiger aber nicht zwangsläufig teurer Grundnahrungsmittel, spielt die häusliche Zubereitung eine wichtige Rolle, um schmackhafte, unmanipulierte und gesunde Speisen herzustellen. Die Verwendung von Halbfertig- und Fertiggerichten ist zu vermeiden, da es bei der industriellen Herstellung zu kaum kontrollierbaren Manipulationen kommt, die auf Dauer schon bei Kindern das Geschmackserlebnis in negativer Weise manipulieren und verkümmern lassen und bei denen negative gesundheitliche Auswirkungen nie auszuschließen sind.

Nahrung muss individuell verträglich sein und Wohlbefinden garantieren. Hier ist die Weisheit des Körpers gefragt, der auf eine nicht adäquate Ernährung mit funktionellen Störungen reagiert. Verträglichkeit beginnt allerdings schon mit der gründlichen mechanischen Zerkleinerung der Nahrung im Mund und einem entspannenden Essritual; ungestört durch andere Aktivitäten wie Fernsehen, Lesen der Zeitung und hektische Unterhaltungen.

Wirkliche Nahrungsmittelunverträglichkeiten müssen medizinisch abgeklärt werden. 5–15 % der Nordeuropäer haben eine Milchzuckerunverträglichkeit.[74]

Bis zu 1 % der Bevölkerung ist von der Zöliakie betroffen.[75] Echte Nahrungsmittelallergien können als Kreuzreaktionen bei Pollenallergien auftreten und betreffen besonders häufig Kernobst oder Nüsse. Bei Kindern auftretende Kuhmilch- und Hühnereiweißall-

74 Vgl. Hahn, A. et al.: Ernährung, 2006. S. 470.

75 Vgl. Kunde, U.: Zöliakie- nur die Spitze des Eisbergs? Wissenschaft und Praxis 1/04.

ergien verlieren sich meist bis zum Schulalter, Allergien gegen Erdnüsse und Fisch hingegen persistieren lebenslang.

Sehr selten und auch schwierig zu diagnostizieren ist die Histaminunverträglichkeit.

In der Komplementärmedizin besonders beliebt sind Nahrungsmittelallergietestungen durch IgG Bestimmungen im Blut, VEGA Test oder kinesiologische Testverfahren. Dabei werden fast immer angebliche Allergien auf eine ganze Liste von Nahrungsmitteln gefunden und für körperliche und seelische Funktionsstörungen von A wie Analjucken über D wie Depressionen bis Z wie Zungenbrennen verantwortlich gemacht. Diese Untersuchungen können kostspielig sein, haben keine wissenschaftliche Evidenz und erfinden ängstigende Pseudokrankheiten.

Die Ernährung muss *bedarfsgerecht sein* und die ausreichende Versorgung mit Makro- und Mikronährstoffen gewährleisten. Das Alter, die beruflichen und sportlichen körperlichen Aktivitäten und/oder eventuelle gesundheitliche Störungen müssen natürlich berücksichtigt werden. Einfache Kriterien für eine ausreichende Versorgung sind das Gefühl des Wohlbefindens, der Leistungsfähigkeit und die Abwesenheit von ernährungsabhängigen Krankheiten, vor allem des bereits erwähnten metabolischen Syndroms.

In diesem Zusammenhang nun einige Überlegungen zum heiß diskutierten Thema Gewicht.

Ob jemand normalgewichtig, übergewichtig oder fettsüchtig ist, ermitteln Ärzte und Ernährungsberater anhand des Body-Mass-Index (BMI). Er ist dafür verantwortlich, dass viele Menschen mit schlechtem Gewissen von der Waage steigen. In den letzten Jahren wird dieser Messwert allerdings zunehmend kritisch diskutiert.

Der Body Mass Index (BMI in kg/qm) errechnet sich aus dem Gewicht in Kilogramm geteilt durch das Quadrat der Körpergröße in Metern. Für eine 1,72 m große Frau, die 76 Kilo wiegt, ergibt sich einen BMI von 25,6. Bei einem Grenzwert des Normalgewichts von 25 ist sie damit schon leicht übergewichtig. Ihr Alter, ihr konstitutioneller Körperbau und der Trainingszustand werden dabei aber nicht berücksichtigt. Eingeführt wurde der BMI von US-amerikanischen Lebensversicherungsgesellschaften, die erstmals Größe und Gewicht zueinander in Relation setzten, um über diese Einstufung den Gesundheitszustand ihrer Klienten zu beurteilen und die Prämien für deren Lebensversicherungen festlegen zu können.

Der BMI in kg/qm wird folgendermaßen klassifiziert:

- Untergewicht < 18,5
- Normalgewicht 18,5–25
- mäßiges Übergewicht 25–30
- deutliche Übergewicht 30–39
- sehr starkes Übergewicht > 40.

Die heutige hysterische Diskussion um den Body Mass Index und das Gewicht halten wir für völlig überzogen; viele Menschen werden durch den sehr streng definierten Normalwert krank gerechnet und zu Diäten gedrängt, die grundsätzlich abzulehnen sind. Denn deren sogenannter Jo Jo Effekt bedingt langfristig sogar eine Gewichtszunahme. Die wissenschaftlichen Studien bezüglich der Auswirkungen des BMI auf die Lebenserwartung sind widersprüchlich.[76] Übereinstimmung zeigt sich nur für die Zunahme der Sterblichkeit bei einem BMI >30. Epidemiologen kommen aber auch zu dem Ergebnis, dass Übergewichtige mit einem BMI von 25–30 im Schnitt etwas länger leben als Normalgewichtige, Fettleibige (BMI > 30) und Untergewichtige (BMI < 18,5). Auch für das Alter kann man etwas Entwarnung geben, denn im Alter steigt der BMI kontinuierlich an. Ältere Menschen werden nämlich von Jahr zu Jahr etwas kleiner. Bei einem konstanten Gewicht klettert der BMI zwangsläufig nach oben. Bei Männern zwischen dem zwanzigsten und achtzigsten Lebensjahr um durchschnittlich 1,5 Einheiten, bei Frauen sogar um 2,5 Einheiten. Bei über 70jährigen korreliert ein mäßig erhöhter BMI sogar mit einer höheren Lebenserwartung[77], denn diese Menschen haben mehr Energie- und Nährstoffreserven, von denen sie profitieren, falls sie schwer erkranken. Außerdem mildern ein paar Kilo mehr im Alter eventuelle Stürze. Auch muskulöse Sportler, Menschen mit grobknochigem Körperbau oder besonders kleine oder große Menschen werden bezüglich ihres Risikos mit dem BMI falsch klassifiziert.

Schlussfolgerung: auch bei mäßigem Übergewicht darf man sich das Essen ruhig schmecken lassen und sollte sich nicht mit schädlichen Diäten quälen; besonders dann, wenn für die tägliche gesundheitswirksame Bewegung gesorgt ist. Das Gewicht darf jedoch nicht

---

76 Hahn, A.: Ernährung 2006; S. 359–360.

77 www.ard.de/ratgeber/gesundheit/fitness-und-wellness. Body Mass Index: Es darf ein bisschen mehr sein; 31. 8. 2008.

in den Bereich BMI > 30 klettern und bei Kindern und Jugendlichen soll man etwas konsequenter den Anfängen wehren.

Überernährung der westlichen Zivilisation kontrastiert mit Unterernährung von Millionen von Menschen in den unterentwickelten Ländern. Das Bevölkerungswachstum und der Emigrationsdruck in der dritten Welt nehmen spürbar zu. Daher spielen bei der Diskussion um Ernährung zunehmend auch Fragen der weltweiten ökosozialen Gerechtigkeit und der *Sozial- und Umweltverträglichkeit* unserer Nahrungsmittel eine Rolle. Vor allem der hohe Fleischkonsum verbraucht durch Veredlung pflanzlicher in tierische Kalorien enorme Ressourcen und belastet nicht unerheblich die Umwelt. Auch ethische Fragen wie artgerechte Tierhaltung und umweltschonende Pflanzenproduktion, lange Transportwege mit Lastwagen, Flugzeug und Schiff sollten in die Diskussion um Ernährungsfragen und bei Kaufentscheidungen mit einfließen; allerdings immer differenziert, weltanschauungsfrei und unter Berücksichtigung seriöser wissenschaftlicher Erkenntnisse und Entwicklungen. Denn auf komplizierte Fragen wie Gentechnik, Öko- oder konventionelle Landwirtschaft, Mobilität, Verkehr oder Klimawandel findet nur der Dumme einfache Antworten. Hier sind Gelassenheit und seriöse Information gefragt; Voraussetzungen, um zunächst im eigenen Umfeld Verantwortung für eine positive und nachhaltige gesellschaftliche Entwicklung zu übernehmen. Wenn wir uns neuen Möglichkeiten und Erkenntnissen verschließen, geht es uns wie dem Betrunkenen in der folgenden Geschichte von Paul Watzlawick[78]:

Die Auswahl der Nahrungsmittel beeinflusst die soziale Umwelt und deren Entwicklung

Unter einer Straßenlaterne steht ein Betrunkener und sucht und sucht. Ein Polizist kommt und fragt ihn, was er verloren habe, und der Mann antwortet: „Meinen Schlüssel". Nun suchen beide. Schließlich will der Polizist wissen, ob der Mann wirklich sicher ist, den Schlüssel gerade hier verloren zu haben, und jener antwortet: „nein nicht hier, sondern dort hinten, aber dort ist es viel zu finster".

Kernsatz

◆ Gesundes Essens bedeutet ohne Reue genießen, Gewicht halten und gesund bleiben.

Um Ihre Kompetenz für Ernährungsfragen zu fördern, nun die wichtigsten, einfach zu realisierenden Grundregeln gesundheitsförderlicher Ernährung.

78 Vgl. Watzlawick, P.: Anleitung zum Unglücklichsein, 2008. S. 27 ff.

- Kaufen Sie qualitativ gute Grundnahrungsmittel möglichst regionaler Herkunft und entsprechend dem saisonalen Angebot; im Winter auch Tiefkühlkost oder Dosenware, denn die ist weit besser als ihr Ruf.[79] Bio Produkte haben zwar weniger Schadstoffbelastungen, unterscheiden sich aber ansonsten qualitativ kaum von konventionell produzierten Lebensmitteln.[80] Hat man die Wahl, kann man durchaus zum Bio Produkt greifen, um die Bio Landwirtschaft zu fördern; diese wird zwar niemals in der Lage sein, mit ihren Anbaumethoden eine wachsende Weltbevölkerung ausreichend mit Nahrungsmitteln zu versorgen, Biolandwirtschaft setzt aber wichtige Impulse für Biodiversität, Umweltschutz und artgerechte Tierhaltung; Impulse, die schließlich auch die konventionelle Landwirtschaft erreichen und dort zu sinnvollen Verbesserungen im Sinne nachhaltigen Wirtschaftens führen. Verfallen Sie aber bitte nicht dem Bio Wahn!
- Integrieren Sie mit gutem Gewissen auch Produkte aus außereuropäischen Ländern in Ihren Speiseplan! Länder der dritten Welt fordern mit Recht freieren Zugang zum Weltmarkt, um ihrer Bevölkerung eine Existenzgrundlage zu sichern. Unter Berücksichtigung aller Faktoren (Klima, Boden- und Wasserverbrauch, Umweltbelastung und Transportkosten) müssen diese Produkte auch bezüglich ihrer ökologischen Bilanz nicht schlechter abschneiden als europäische Erzeugnisse.[81] Zudem besteht auch hier die Möglichkeit, auf die etwas kostspieligeren Produkte aus biologischem Anbau zurückzugreifen.

Einfache Prinzipien gesunder Ernährung

- Kochen sie möglichst selbst mit schonenden Kochtechniken und vielseitigen, schmackhaften und auch exotischen Gewürzen und Kräutern!
- Fördern Sie die Ernährungskompetenz von Kinder und Jugendlichen; kaufen Sie gemeinsam ein, kochen Sie mit Kindern und regen Sie entsprechende schulische Aktivitäten an; in der Schweiz wird zum Beispiel wieder Hauswirtschaftsunterricht in den normalen Schulunterricht integriert.
- Pflegen Sie Essrituale: Speisen liebevoll anrichten, genussvoll, langsam und möglichst in Gemeinschaft essen!
- Komplexe Kohlenhydrate aus Brot, Getreide, Nudeln, Reis und Kartoffeln sollten 50 % des täglichen Energiebedarfs (EB) decken

---

79 Vgl. Schneider, M.: Wie erkenne ich gute Lebensmittel, 2006. S. 47 ff.
80 Vgl. Maxeiner, D./Miersch, M.: Biokost und Ökokult, 2008. S. 26 ff.
81 Vgl. Maxeiner, D./Miersch, M.: Biokost und Ökokult, 2008. S. 89 ff.

und sind mit Obst, Gemüse und Salat (20 % des EB) die Ernährungsbasis zum *Sattessen*. Milchprodukte und Eier (10–15 % des EB) sowie Fleisch und Fisch (5–10 % des EB) dienen dem *Genuss* und Fette und Zucker dem *Verfeinern* (5 % des EB).[82]

- Essen Sie Vollkornprodukte, wenn diese verträglich sind und Ihnen schmecken!
- Essen Sie möglichst fünfmal täglich eine Portion (eine Handvoll) Obst, Gemüse, Salat oder Nüsse!
- Bevorzugen Sie als Fettquelle qualitativ hochwertige pflanzliche Öle; aber auch Butter gehört in Maßen zum täglichen Genuss!
- Integrieren Sie täglich Milchprodukte in Ihren Speiseplan!
- Essen Sie maximal drei Fleischmahlzeiten pro Woche und wenig und dafür qualitativ gute Wurstwaren. Wer die artgerechte Tierhaltung unterstützen will, greift zum Biofleisch oder zu Fleisch aus artgerechter Tierhaltung; auch einheimisches Wild ist als Fleischquelle ideal!
- Zwei Fischmahlzeiten pro Woche sind empfehlenswert; wenn Sie die ökologische Nachhaltigkeit im Fischfang unterstützen wollen, greifen Sie zu Produkten mit dem MSC Siegel (Logo: blauer Fisch). Diese Produkte gibt es sogar schon beim Discounter!
- Konsumieren Sie Süßigkeiten, Kuchen und Eis in reduzierter Menge und nicht täglich!
- Üben Sie nie Verzicht, alles ist in Maßen erlaubt!

Nichts ist verboten – in Maßen alles genießen!

- Essen Sie das, worauf Sie Appetit verspüren und nicht das was gerade in Medien empfohlen wird, oder als Schnäppchen im Sonderangebot ist!
- Kaufen sie nur die Mengen an Nahrungsmittel, die Sie und Ihre Familie auch verbrauchen. Es werden täglich Tonnen von Lebensmitteln weggeworfen!
- Bringen Sie die Menge an Nahrungsmitteln auf den Tisch, die Sättigung garantiert und ohne Gefahr der „Mast" gegessen werden kann!
- Planen Sie 3 Hauptmahlzeiten am Tag möglichst zu den gleichen Tageszeiten, die Abendmahlzeit soll die kleinste Mahlzeit sein und nicht zu spät eingenommen werden!
- Essen Sie vor oder zu jeder warmen Mahlzeit eine selbst angemachte Salatbeilage! (keine industriellen Dressings!)

82 Vgl. Pape, D. et al.: gesund, vital, schlank, 2004 S. 77 ff.

- Verzichten Sie ab und zu auf den Nachtisch oder wählen Sie Obst!
- Zwischenmahlzeiten sollten aus frischem Obst bestehen!
- Lassen Sie ab und zu mal das Abendessen ausfallen. Größere zeitliche Abstände zwischen den Mahlzeiten und gelegentliches Fasten sind gesund, verjüngend und potentiell lebensverlängernd, wie, laut Altersforscher Francesco Madeo von der Universität Graz, neuere Studien zeigen. Dabei geht es weniger um die Gewichtsabnahme, als um das Einschalten der Autophagie, des „Aufräumdienstes für Zellschrott", „einer Art molekularer Komponente der Seelenreinigung".[83]
- Sorgen Sie für eine ausreichende Flüssigkeitszufuhr: 1,5–2 Liter pro Tag bestehend aus Wasser, Tee, Kaffee und verdünnten Fruchtsäften. Auch hier zeigt sich jedoch eine Kuriosität des Zeitgeistes! Nur noch wenige Menschen trauen sich, zum Beispiel bei Urlaubsreisen, ohne die obligatorische 2 Liter Plastikwasserflasche auf die Straße; denn wenn man nicht ständig an der Flache nuckelt, drohen gesundheitliche Schäden. Vertrauen wir doch einfach wieder unserem lebenserhaltenden Durstmechanismus! Ist dieser eingeschränkt, wie bei älteren Menschen, oder besteht die Notwendigkeit einer gesteigerten Urinproduktion, wie bei Nierensteinleiden, muss die Flüssigkeitszufuhr natürlich kontrolliert erfolgen.
- Gönnen Sie sich und besonders Ihren Kinder gelegentlich auch mal ein Essen im Fast Food Restaurant, an der Würstel- oder Dönerbude!

Mit Freude gelegentlich sündigen!

- Wenn Sie auswärts essen, wählen Sie ein Restaurant mit einfacher authentischer Küche zum Beispiel ein slow-food Restaurant.[84] Die müssen nicht unbedingt teuer sein. Empfehlenswert und weltweit verbreitet sind auch qualitativ gute italienische oder asiatische Restaurants!
- Falls Sie mittags nicht zu Hause essen können, essen Sie entweder in einer guten Betriebskantine oder nehmen von zu Hause einen schmackhaften und bedarfsgerechten kalten Imbiss mit!
- Vermeiden Sie jede Diät, es sei denn, sie ist medizinisch indiziert und dient als Einstieg in eine langfristige Ernährungsumstellung!

83 Vgl. Fortshuber, M.: Das teure Geschäft mit der ewigen Jugend. Trend 9/2008 S. 135.
84 www.slowfood.de/wirueberuns/slowfoodweltweit/.

Diäten schaden mehr als sie nutzen: es drohen der Jo Jo Effekt und die Mangelernährung. Diäten können für Jugendliche der Einstieg in Krankheiten wie Anorexie oder Bulimie sein. In der Regel fehlt der Lerneffekt; nur die vermehrte Wasserausscheidung garantiert einen anfänglichen Scheinerfolg und es wird zunächst wertvolles Körpereiweiß abgebaut, bevor der Organismus erst nach Wochen auf die Fettdepots zurückgreift. Langfristige, gefahrlose und nachhaltige Gewichtsreduktion garantieren nur eine ballaststoffreiche, energiereduzierte Mischkost und viel Bewegung; ist eine Gewichtsreduktion notwendig, soll die Zahl der Mahlzeiten auf 3 reduziert werden, ohne jede Zwischenmahlzeit; eine kleinere Abendmahlzeit soll bis spätestens 19 Uhr eingenommen werden; eine Portion Fisch, Fleisch oder Käse wird mit Gemüse oder Salat kombiniert. Freie Kohlenhydrate aus Brot, Reis, Nudeln und Kartoffeln sind abends zu meiden.[85]

Unterlassen Sie Diäten!

Nahrungsergänzungsmittel sind bei einer gesunden Mischkost in der Regel nicht notwendig. Als Nahrungssupplemente eingenommene Vitamine sind nicht nur wirkungslos, sondern können auch schaden, wie sich erstmals in der CARET Studie in den 90 ziger Jahren gezeigt hat. Unter der Zufuhr des Antioxidans Vitamin A traten bei Rauchern mehr Lungenkrebsfälle auf als ohne Substitution. Die Studie musste abgebrochen werden und der Zusatz von Vitamin A zu Lebensmitteln oder Tabletten ist seitdem in vielen Ländern gesetzlich streng geregelt. Im Februar 2007 erschien in der Zeitschrift „Journal of the American Medical Association" eine Analyse von insgesamt 68 Studien mit 232000 Teilnehmern zur Wirkung von Antioxidantien, darunter die Vitamine A, C, E, das Spurenelement Selen und Beta- Carotin.Zusammenfassend ließen sich keine der in den Einzelstudien erhofften günstigen Effekte bestätigen. Es zeigte sich im Gegenteil eine höhere allgemeine Sterblichkeit in der Gruppe der Studienteilnehmer, die Vitamin A und E oder Beta-Carotin eingenommen hatten. Nur für das Selen zeigte sich ein positiver Effekt.[86] Die Diskussion ist noch offen, das allerletzte Urteil zu diesem Thema steht noch aus.

Vitamin- und Mineralpillen sind in der Regel überflüssig!

In folgenden Situationen kann die Einnahme von Nahrungsergänzungsmitteln sinnvoll und auch notwendig sein:

---

85 In Anlehnung an Pape, D. et al.: gesund, vital, schlank, 2004 S. 84.

86 www.kebsinformationsdienst.de/themen/risiken/vitamin. Deutsches Krebsforschungszentrum; 31. 8. 2008.

- Falls Obst und Gemüse abgelehnt werden, sind naturnahe Extrakte aus Biogemüse oder Obst mit Vitaminen, Mineralien und Spurenelementen sowie sekundären Pflanzenstoffen und Ballaststoffen empfehlenswert. Bei diesen Präparaten sind, anders als bei industriell hergestellten Vitaminen und Mineralien, bisher keine negativen Effekte auf die Gesundheit bekannt.
- Unterversorgung besteht in manchen Regionen für Jod. Dieser Mangelzustand muss mit jodiertem Speisesalz, Seefisch oder auch durch Tabletten ausgeglichen werden. Bei Frauen besteht ein erhöhtes Risiko für Eisenmangel, der mit erhöhtem Konsum von rotem Fleisch, durch Tabletteneinnahme oder in seltenen Fällen auch durch die sehr effektive intravenöse Gabe von Eisen ausgeglichen werden muss.
- Bei Frauen, die eine Schwangerschaft planen, ist die tägliche Zufuhr von mindestens 0,4 mg Folsäure als Supplement zu empfehlen. Dadurch reduziert sich das Risiko für Neuralrohrdefekte beim Fötus um ca. 50 %.
- Im Alter kann die tägliche Substitution von 500–1000 mg Calcium und 500 Einheiten Vitamin D sinnvoll sein; besonders dann, wenn keine Milchprodukte als Calciumquelle konsumiert werden und die tägliche Sonnenexposition zur Bildung von körpereigenem Vitamin D zu gering ist.
- Menschen die Fisch ablehnen, können ihren Bedarf an Omega 3 Fettsäuren mit Fischölkapseln decken. Diese Fettsäuren stammen aus Kaltwasserfischen und senken das Risiko für Herzinfarkte und Schlaganfälle zumindest in der Sekundärprävention, also bei Menschen, die bereits an einer arteriosklerotischen Gefäßkrankheit leiden.[87]
- Bei Extrem- und Leistungssportlern liegt ein erhöhter Bedarf an Mikronährstoffen (Vitaminen, Mineralien und Spurenelementen) vor, der durch gezielte maßvolle Substitution mit naturnahen Präparaten ausgeglichen werden muss.
- Bei Erkrankungen, die eine natürliche Versorgung mit Vitaminen und Spurenelementen erschweren oder verhindern oder bei denen es zu vermehrten Verlusten kommt, müssen unter ärztlicher Überwachung gezielt Mikronährstoffe substituiert werden.
- Bei Menschen, die extreme Ernährungsformen praktizieren, wie zum Beispiel Veganer, müssen Mikronährstoffe (Vitamin B12, Eisen, Vitamin D, Calcium und Zink) gezielt substituiert werden.

87 Vgl. Hahn, A.: Ernährung 2006; S. 397 ff.

3. Lebenskunstmanagement und Genussmittelkonsum

Rauchen ist von allen Genüssen der mit Abstand schädlichste. Tabak wird seit Urzeiten von Menschen konsumiert; damals im Gegensatz zu heute allerdings nur bei seltenen Ritualen. Seit der Mitte des 19. Jahrhunderts wurde der Tabak dann allgemein gesellschaftsfähig. Tabakkonsum wurde ein Symbol für Freiheit, Coolness, Abenteuer, kosmopolitisches Denken, Sex, Lässigkeit und Individualismus. Erst in den sechziger Jahren des vorigen Jahrhunderts wurde in Amerika in einer großen Studie der Zusammenhang zwischen Rauchen und Entstehen von Lungenkrebs nachgewiesen. Seitdem sind zahlreiche weitere gesundheitsschädigende Effekte des Rauchens nachgewiesen worden.

Bei Rauchen darf es keine Kompromisse geben!

Beim Rauchen wird das Nicotin des Tabaks über die Lungen aufgenommen, bindet sich dann im Gehirn an so genannte Rezeptoren, die die Nervenzellen des Belohnungssystems aktivieren und das von Rauchern beschriebene Wohlgefühl hervorbringen. Im Rahmen eines Suchtmechanismus sind allerdings immer höhere Dosen notwendig, um diesen Zustand zu erlangen, bis dieser am Ende überhaupt nicht mehr ausgelöst werden kann. Dann ist schon zur Aufrechterhaltung des normalen seelischen Befindens Nicotinzufuhr nötig; sonst droht die Stimmung zu kippen. „Nikotin hat ein höheres Suchtpotenzial als Kokain und Heroin", sagt Michael Heidler, Diplompsychologe und Leiter der Institute für Tabakentwöhnung an den Vivantes-Kliniken Neukölln und Spandau sowie am Humboldt-Klinikum in Berlin.[88] Die eigentliche Gefahr geht aber von den beim Rauchen mitinhalierten ca. 40 toxischen, krebsauslösenden Giftstoffen aus.

Diese begünstigen das Auftreten der folgenden Erkrankungen:

- Chronische Bronchitis und Lungenemphysem (COPD).
- Thrombosen und Embolien besonders bei gleichzeitiger Hormonzufuhr („Pille" oder in der Menopause).
- Zahlreiche Krebserkrankungen: des Verdauungssystem, der Atemwege, der Harnwege, des Knochenmarks, der Brust und der Gebärmutter.

  Das Risiko ist erheblich und zum Beispiel für den Lungenkrebs je nach Dosis bis zu 30 mal höher als das Risiko des Nichtrauchers!

---

88 www.mz-web.de/artikel?id=1201456964180; 15. 10. 2008.

- Arteriosklerotische Gefäßerkrankungen: Schlaganfall, Herzinfarkt und Durchblutungsstörungen der Beine (seltener auch der Arme).
- Makuladegeneration.
- Osteoporose.
- Spermienschädigung, Impotenz.
- Zahnfleischerkrankungen.
- Vorzeitige Menopause.

Light-Zigaretten sind noch schädlicher, da häufiger inhaliert werden muss, um die gleiche Menge Nicotin aufzunehmen; somit ist die Schadstoffaufnahme noch größer. Rauchen verkürzt die Lebenserwartung, wie viele wissenschaftliche Studien beweisen. So berichtet der Autor Rüdiger Meyer im Deutschen Ärzteblatt über eine Studie aus England:[89] „dass Ärzte der Jahrgänge 1920 bis 1929, von denen viele im Zweiten Weltkrieg mit kostenlosen Zigaretten versorgt wurden, im Durchschnitt 57 Jahre alt wurden, wenn sie nach dem Krieg (Stichjahr 1954) weiterrauchten. Für die Nichtraucher betrug die Lebenserwartung 85 Jahre. Eine weitere Grafik betrachtet Ärzte der Jahrgänge 1900 bis 1930 im Alter von 60 Jahren. Von den Nichtrauchern erlebten noch 88 Prozent ihren 70. Geburtstag, bei den Rauchern waren es nur 71 Prozent. Den 80. Geburtstag konnten noch 65 Prozent der Nichtraucher und 32 Prozent der Raucher feiern. 26 Prozent der Nichtraucher, aber nur fünf Prozent der Raucher wurden 90 Jahre oder älter".

Rauchen verkürzt das Leben!

Auch beim Zigarren- und Pfeiferauchen gelangen Teile des Rauches in den Körper; allerdings in weit geringerem Ausmaß als beim Zigarettenrauchen. Dafür besteht ein erhöhtes Risiko für Krebserkrankungen des Mund- und Rachenraumes.

Mit dem Rauchen aufzuhören lohnt sich zu jedem Zeitpunkt, denn das Risiko reduziert sich mit jedem Tag Nichtraucherstatus und nähert sich, natürlich in Abhängigkeit der Packungsjahre (1 Packungsjahr entspricht 20 Zigaretten täglich für ein Jahr oder 40 Zigaretten täglich für 6 Monate), nach einigen Jahren wieder dem Risiko eines Nichtrauchers. In der oben zitierten Studie berichtet der Autor weiter:[90] „Sehr überzeugend für die Beratung sind auch die Daten zu den Jahren, die durch den Raucherstopp gewonnen

89 Vgl. Meyer, R.: Epidemiologie – Neue Daten: Raucher sterben zehn Jahre früher. Dtsch Ärztebl 2004; 101(30).

90 Vgl. Meyer, R.: Epidemiologie – Neue Daten: Raucher sterben zehn Jahre früher. Dtsch Ärztebl 2004; 101(30).

werden können. Raucher, die im Alter von 30 Jahren aufhören, gewinnen zehn Jahre und erreichen fast die Lebenserwartung des lebenslangen Nichtrauchers. Im Alter von 40 Jahren gewinnen die Patienten neun Jahre, im Alter von 50 Jahren noch sechs Jahre, und selbst im Alter von 60 Jahren kann das Leben noch um durchschnittlich drei Jahre verlängert werden."

Beim Rauchen darf es leider keinen Kompromiss geben; es sei denn, Sie gehören zur kleinen Gruppe der Genussraucher; die rauchen wirklich nur nach dem Essen eine Zigarette oder gelegentlich mal eine Zigarre oder Pfeife. Dieser Rauchertyp ist aber die absolute Ausnahme. Für die allermeisten „Suchtraucher" gelten die folgenden Empfehlungen.

Übernehmen Sie Verantwortung für sich und ihr Umfeld indem Sie:

- jede Gelegenheit nutzen, mit dem Rauchen vollständig aufzuhören! Wenden Sie sich an einen Arzt Ihres Vertrauens und nutzen Sie die unzähligen pharmakologischen, psychologischen und verhaltenstherapeutischen Hilfsangebote. Versuchen Sie es immer wieder, geben Sie nicht auf!
- mit allen Mitteln zu verhindern versuchen, dass Ihre Kinder oder Ihnen anvertraute Jugendliche mit dem Rauchen anfangen! Treten Sie für ein absolutes Werbeverbot für Rauchwaren ein!
- ein absolutes Rauchverbot im öffentlichen Raum befürworten! Das Passivrauchen bedeutet nach übereinstimmenden wissenschaftlichen Erkenntnissen für Nichtraucher und besonders für Kinder eine erhebliche gesundheitliche Belastung. Wie würden Sie reagieren, wenn Ihnen als Nichttrinker bei jedem Glas Bier, das Ihr Nachbar am Tresen konsumiert, ein wenig Gift in Ihren Fruchtsaft gestreut würde? Sogar die Italiener, die allgemein als sehr individualistisch und wenig diszipliniert gelten, befürworten und befolgen das seit Januar 2005 geltende strenge Rauchverbot in der Öffentlichkeit. Es zeigen sich nach nunmehr 3 Jahren schon die ersten positiven Auswirkungen: nach einer Studie des Departments of Epidemiology der ASL Rom sind akute koronare Ereignisse (Angina pectoris, Infarkte und Rhythmusstörungen) nach Einführen des Rauchverbotes in Italien in der Stadt Rom bei 35–64jährigen um 11,2% und bei 65–74jährigen um 7,9% zurückgegangen. Mehrere Störvariablen, wie Luftverschmutzung, Temperatur, Grippeepidemien, Zeittrends und die gesamten Hospitalisierungsraten wurden berücksichtigt. Die Ge-

Öffentliches Rauchverbot rettet Leben!

sundheitseffekte sind die Folge der gemessenen Reduktion der Luftverschmutzung in den Räumen der öffentlichen Einrichtungen um ca. 2/3. Folglich war ein Effekt bei den über 74-Jährigen nicht mehr nachzuweisen, weil diese Altersgruppe mehr Zeit in ihren eigenen vier Wänden verbringt.[91]

„Meine Entscheidungen über mein Tun sind verbindliche Entscheidungen über meine Identität." **[Elisabeth Lukas]**

Ein Glas in Ehren kann niemand verwehren und tut gut!

Der Alkohol: Alkohol hat in geringen Dosen (20–30 Gramm für Männer und 10–20 Gramm für Frauen pro Tag) wegen seines Schutzeffektes auf die Blutgefässe gesundheitsfördernde Wirkung; allerdings erst ab dem 40. Lebensjahr, während für jüngere Personen schon ein moderater Alkoholgenuss mit gesundheitlichen Risken verbunden sein kann.[92] Dabei wirken der Alkohol selbst, aber auch bestimmte Substanzen im alkoholischen Getränken Gefäß schützend: zum Beispiel das Reservatrol im Rotwein. Gleichzeitig hat Alkohol eine angenehme, Stress hemmende Wirkung. In Maßen scheint Alkoholkonsum gesundheitsförderlicher als die totale Abstinenz.[93] Das Abhängigkeitspotenzial ist niedriger als beim Rauchen; im Gegensatz zum Raucher sind die meisten Alkoholkonsumenten Gelegenheitstrinker, die zum Beispiel nur beim Essen oder beim abendlichen Treffen mit Freunden alkoholische Getränke genießen. Schwangere Frauen müssen allerdings während der gesamten Schwangerschaft absolut abstinent bleiben, um alkoholtoxische Schädigungen des heranwachsenden Kindes zu vermeiden.

20 Gramm Alkohol entsprechen ca. 0,5 Liter Bier oder ca. 0,2 Liter Wein.

Bei exzessivem Alkoholgenuss gehen seine gesundheitsförderlichen Effekte verloren und es drohen:

- Die katastrophale Alkoholabhängigkeit mit psycho-physischem Abbau und den entsprechenden sozialen Auswirkungen.
- Schäden an Gehirn und Nervensystem.
- Herz- Kreislauferkrankungen.
- Leberschäden.
- Bauchspeicheldrüsenentzündung.

---

91 Vgl. Cesaroni, G. et al.: Effect of the Italian Smoking Ban on Population Rates of Acute Coronary Events. 2008, Circulation.

92 Vgl. Hahn, A.: Ernährung 2006; S. 220.

93 Vgl. Meir, J. et al.: Primary Prevention of Coronary Heart Disease in Women through Diet and Lifestyle, NEJM (2000) 343; 16–22.

- Krebserkrankungen.
- Gewichtszunahme (1 Flasche, 0.3 l Bier enthalten 130–180 Kcal; 1 Glas, 0.2 l Wein enthält 150 Kcal).

„Die Verantwortung für sich selbst, ist die Wurzel jeder Verantwortung." **[Mong Di]**

Der Kaffee: Koffein, der Hauptwirkstoff des Kaffee, aktiviert zahlreiche Zellstrukturen des Körpers unter anderem im Gehirn, am Herzen und an den Nieren. Koffeingehalt: 1 Espresso (50 ml): 50 mg; 1 Tasse Filterkaffee (125 ml): 80–120 mg.

Kaffee hat bei maßvollem Konsum, das heißt bis zu 4 Tassen täglich (ca. 350 mg Koffein) keine negativen gesundheitlichen Auswirkungen[94]; es entsteht lediglich eine milde körperliche Abhängigkeit, die aber nie zur Sucht führt. Kaffee ist auch kein „Flüssigkeitsräuber", wie von genussfeindlichen Zeitgenossen gern behauptet wird, sondern die zugeführte Menge wird wegen der milden Wasser ausschwemmenden Wirkung des Koffeins lediglich schneller ausgeschieden. Dieser Effekt geht außerdem bei regelmäßigem Konsum verloren. Kaffee ist ein komplexes Lebensmittel, enthält viele der heutzutage so hoch gelobten Antioxidantien und könnte, nach ersten wissenschaftlichen Studien, auch das Risiko für bestimmte Tumoren vermindern.

Kaffee ist in Maßen gesunderhaltend!

Kaffee ist in jedem Fall ein unbedenkliches Genussmittel.

Vorsicht ist lediglich geboten bei:

- schnellen Herzrhythmusstörungen.
- Schlafstörungen; bei älteren Menschen kann Kaffee allerdings im Sinne einer paradoxen Wirkung Schlaf fördernd sein.
- Fettstoffwechselstörungen: minimaler Anstieg des Cholesterins und des LDL, allerdings nur bei Konsum von gekochtem, nicht aber gefiltertem Kaffee.
- Reizmagen und Reizdarmbeschwerden.

4. Lebenskunstmanagement und Strahlenschutz

In dem folgenden Abschnitt thematisieren wir den korrekten Umgang mit Sonnen- und ionisierender Strahlung (Radioaktivität und Röntgenstrahlung) sowie elektromagnetischen Feldern.

---

94 Vgl. Bamberger, Ch.: Besser leben länger leben 2006; S. 81.

Sonnenstrahlung besteht aus wärmender Infrarotstrahlung, sichtbarem Licht und ultravioletter Strahlung. Der ultraviolette Strahlenanteil besteht aus dem langwelligen *UVA,* dem kurzwelligen *UVB* und dem extrem kurzwelligen *UVC.* Ultraviolette Strahlung ist bei normaler Exposition (ca. 30 min täglich) nützlich und notwendig; sie fördert unter anderem die körpereigene Vitamin D Bildung in der Haut. Bei exzessiver Exposition gegenüber UVA- oder UVB-Strahlung durch die Sonne oder im Bräunungsstudio kommt es zu vorzeitiger Hautalterung und zu Schäden an der Erbsubstanz (DNA) mit erhöhtem Risiko für das Plattenepithel Carcinom und das Melanom.

Beim Umgang mit Sonnenstrahlung beachten Sie bitte die folgenden Regeln:

- Vermeiden Sie zeitlich ausgedehnte Sonnenbäder vor allem zur Mittagszeit!
- Tragen Sie mindestens 30 Minuten vor Sonnenexposition einen UV Schutz mit hohem Faktor auf (UVA und UVB Schutz)!
- Meiden Sie Solarien! Der häufig höhere UVA Anteil der Strahlung macht zwar weniger Sonnenbrand, schädigt aber tiefere Hautschichten und fördert Alterung und Krebsentstehung.
- Tragen Sie bei Sonnenschein eine Sonnenbrille! Die UV Strahlung wird als Co-Faktor für die Makuladegeneration diskutiert.

Ionisierende Strahlung umgibt uns täglich in Form der natürlichen Radioaktivität. Zusätzlicher Strahlenbelastung setzen wir uns aus, wenn wir das Flugzeug benutzen[95] und geröntgt werden. Besonders hoch ist die Strahlenbelastung durch die Computertomografie.

Beachten Sie deshalb im Umgang mit ionisierenden Strahlen die folgenden Regeln:

- Vermeiden Sie häufiges Fliegen.
- Vermeiden Sie Röntgenuntersuchungen, wenn diese keine therapeutischen Konsequenzen für Sie haben. Viele der so beliebten Röntgenuntersuchungen des Bewegungsapparates sind unnötig und dokumentieren lediglich das natürliche Altern. Außerdem verleiten die Aufnahmen diejenigen Ärzte, die funktionellen Erkrankungen des Bewegungsapparates hilflos gegenüberstehen, die diagnostizierten oft dem Alter entsprechend normalen Abnutzungen in einem „heillosen" Gespräch für die geklagten Be-

Röntgenuntersuchungen nur mit Ziel und Maß!

95 www.old.uni-bayreuth.de/departments/didaktikchemie/: Natürliche Radioaktivität; 4. 9. 2008.

schwerden verantwortlich zu machen; mancher Patient wurde so schon mental invalidisiert. Fragen Sie Ihren Arzt nach strahlungsfreien Alternativen zum Röntgen oder zur Computertomografie: Ultraschall oder Magnetresonanz.

Elektromagnetische Felder entstehen unter Starkstromleitungen, Antennen und Umsetzern oder beim Gebrauch von Elektrogeräten, Handys und drahtlosen Telefonen. Über ihre gesundheitlichen Auswirkungen gibt es sehr widersprüchliche wissenschaftliche Untersuchungen. Solange keine Entwarnung gegeben werden kann, muss der Gebrauch von drahtlosen Kommunikationstechnologien besonders für Kinder auf das minimal Notwendige beschränkt werden. Trotzdem sollte man nicht einem weiteren Wahn des Zeitgeistes verfallen und befürchten, überall durch elektromagnetische oder gar Erd- oder Wasserstrahlen geschädigt zu werden; sonst stellen sich die befürchteten Beschwerden auf psychosomatischem Wege garantiert ein. Hierzu empfiehlt Paul Watzlawick die folgende Übung[96]:

Elektromagnetische Strahlungen: alles ist noch offen

Einladung zum Nachdenken

Setzen Sie sich in einen bequemen Sessel, schließen Sie die Augen und richten Sie Ihre Aufmerksamkeit auf die Schuhe. Sie werden bald bemerken, wie unangenehm es eigentlich ist, Schuhe zu tragen. Gleichgültig wie gut sie bisher zu passen schienen, Sie werden nun Druckpunkte bemerken und sich auch plötzlich anderer Unannehmlichkeiten bewusst werden, wie Brennen, Reiben, Krümmen der Zehen, Hitze oder Kälte und dergleichen. Üben Sie, bis das bisher selbstverständliche und bedeutungslose Tragen der Schuhe ausgesprochen unangenehm wird. Kaufen Sie sich dann neue Schuhe und bemerken Sie, wie sie im Laden einwandfrei zu passen schienen, nach kurzem Tragen aber dieselben Beschwerden erzeugen wie die alten.

Hier eröffnet sich mal wieder ein idealer Tummelplatz für alternative Scharlatane, die, natürlich gegen Honorar, immer und überall eine ängstigende Belastung finden und gleich noch die passende Lösung mitverkaufen.

96 Vgl. Watzlawick, P.: Anleitung zum Unglücklichsein, 2008. S. 40 ff.

5. Lebenskunstmanagement und Sexualität

Wer nicht genießt, wird ungenießbar

Unverkrampfte und zwanglose Sexualität kann gesundheitsförderlich und wichtiger Bestandteil einer gelungenen Liebesbeziehung sein. Leider ist die Gesellschaft heute in weiten Bereichen „oversexed"; mit Überbewertung und Leistungsdenken, ja quasi Verpflichtung zum Sex. Wurde zu Zeiten Sigmund Freuds und noch bis in die 68ziger Jahre Sexualität mit scheinheiliger Doppelmoral, Ängsten, Drohungen und Verboten tabuisiert, so erleben wir zur Zeit das krasse Gegenteil. Ob im Internet oder in den Medien, Menschen sind, wie nie zuvor, bereit, sich mit ihren zum Teil erfundenen und geschönten sexuellen Heldentaten oder „Feuchtgebieten" selbst darzustellen; dabei wird die Grenze zur Geschmacklosigkeit und Dekadenz oft überschritten. Besorgte Knaben in der Pubertät suchen Berater auf, weil sie ihren Penis für zu klein halten; Mädchen, die gerade noch mit Puppen gespielt haben, erwarten beim „Ersten Mal" den Multiorgasmus; aber auch Erwachsene fürchten, aufgewühlt durch die Medien, in sexueller Hinsicht etwas zu versäumen und stürzen sich in oft riskante sexuelle Abenteuer. Der alternde Mann versucht sich gelegentlich mit Hilfe der berühmten blauen Pille zu höchsten sexuellen Leistungen aufzuschwingen, was auch tödlich enden kann. Erfüllung und Lebenssinn finden sich allerdings auch außerhalb der Sexualität.

Sexualität: Mönche leben länger!

Sexualität hat nicht unbedingt einen lebensverlängernden Effekt. Wie aus der bayrischen Klosterstudie hervorgeht „sind die Fortschritte in der Lebenserwartung nach dem Zweiten Weltkrieg bei Nonnen und Mönchen in etwa gleich groß und gehen mit der entsprechenden Entwicklung der Frauen der deutschen Allgemeinbevölkerung einher."[97] Mönche leben also länger, als ihre sexuell aktiven Mitbürger, Nonnen haben die durchschnittlich gleiche Lebenserwartung aller Frauen. Ob dieses Ergebnis nur auf die sexuelle Enthaltsamkeit zurückzuführen ist, oder ob auch andere Variablen des klösterlichen Lebensstils eine Rolle spielen, bleibt natürlich offen. Regelmäßiger Sex reduziert das Risiko des Prostata Carcinoms bei Männern, erhöht aber das Risiko des Gebärmutterhalskrebses bei Frauen. Ungeschützte Promiskuität bedeutet ein erhebliches Ri-

97 www.klosterstudie.de/index-Dateien/geschlechterdifferenzen.htm; 2. 9. 2008.

siko für sexuell übertragbare Krankheiten; deren Verbreitung zeigt statistisch in Europa wieder eine zunehmende Tendenz.

Kernsatz

- Lassen Sie sich auch in sexuellen Fragen nicht fremd bestimmen, sondern entscheiden Sie selbst, wie viel Sexualität Sie brauchen und wollen; bedenken Sie, dass erfüllende Sexualität nicht von Begriffen wie Liebe, Vertrauen, Zärtlichkeit, gelungener Kommunikation, Aufmerksamkeit und partnerschaftlicher Rücksichtnahme zu trennen ist.

6. Lebenskunstmanagement und Schlaf

Schlaf ist ein Jungbrunnen. Im Schlaf werden, unter anderem, die Botenstoffe des Gehirns regeneriert Das Schlafbedürfnis ist jedoch individuell sehr unterschiedlich. Kriterien für einen erholsamen Schlaf sind das Befinden am Morgen und die Fähigkeit, den Tag ohne Tagesmüdigkeit zu gestalten. Ausnahme: die eventuelle Müdigkeit nach dem Mittagessen, der man, falls möglich, mit einem kurzen Mittagsschlaf begegnen sollte.

Schlafen Sie sich jung und gesund!

Ein erholsamer Schlaf soll durch entsprechende Schlafhygiene gewährleistet sein. Besonders für Ein- oder Durchschlafstörungen gelten die folgenden Empfehlungen:

- Sorgen Sie für ein ruhiges, vollständig zu verdunkelndes, gut zu lüftendes und nicht zu warmes Schlafzimmer!
- Suchen sie sich in Ruhe eine für Sie bequeme Matratze aus; machen Sie vor dem Kauf im Geschäft eine längere Liegeprobe! Die Matratze sollte weder zu hart, noch zu weich sein. Vermeiden Sie, auf dem Bauch zu schlafen!
- Die Abendmahlzeit soll nicht zu opulent sein und nicht zu spät eingenommen werden!
- Machen Sie vor der Nachtruhe noch einen kleinen Spaziergang; vermeiden Sie anstrengende sportliche Aktivitäten am Abend!
- Unterbrechen sie mindestens 30 Minuten vor dem Schlafengehen Aktivitäten am Computer oder Fernseher!
- Vermeiden Sie abends den Konsum von Kaffee und Zigaretten oder größerer Mengen alkoholhaltiger Getränke!
- Erlernen Sie Entspannungsverfahren wie autogenes Training!

Nur in medizinisch begründeten Fällen, zum Beispiel bei Depressionen, lebensgeschichtlich belastenden Ereignissen oder im Alter, ist die Einnahme von Medikamenten gerechtfertigt. Hier haben auch die nebenwirkungsarmen pflanzlichen Präparate und das Melatonin ihren Stellenwert. Aber auch die ärztlich kontrollierte möglichst kurzzeitige Einnahme eines chemisch definierten Schlafmittels mit kurzer Halbwertszeit kann manchmal notwendig und hilfreich sein.

Einladung zum Nachdenken

Du darfst keinen Tag verlassen:

- ohne bemerkt zu haben, dass ein anderer deinen Blick gesucht hat,
- ohne einmal einen Menschen angelächelt zu haben,
- ohne dich einmal über dich selbst gefreut zu haben,
- ohne über etwas Konkretes gestaunt zu haben,
- ohne einmal neugierig gewesen zu sein,
- ohne einmal geglaubt, geliebt und gehofft zu haben.

Du darfst es nicht, deinetwegen und unseretwegen
[Uwe Böschemeyer]

7. Lebenskunstmanagement und Vorsorge und Früherkennungsmedizin

Vorsorge- oder Präventivmedizin dient dem Verhindern von Erkrankungen; eine Medizin für noch Gesunde, die im Vorfeld so genannte Risikofaktoren erfasst und gegebenenfalls behandelt, um Krankheiten zu verhindern.

Vorsorge- und Früherkennungsmedizin mit Maß und Verstand!

Mit Hilfe von pro- oder retrospektiven wissenschaftlichen Studien oder Interventionsstudien mit einer möglichst großen Zahl von Patienten ermittelt man statistisch Faktoren, die die Entstehung bestimmter Krankheiten begünstigen. Daraus werden Prozentzahlen errechnet, mit denen man vorauszusagen versucht, um wie viel höher zum Beispiel das Risiko für einen Herzinfarkt bei einer bestimmten Konstellation aus Fettstoffwechselstörung, hohem Blutdruck und Übergewicht ist; und um wie viel Prozent das Risiko durch entsprechende therapeutische Maßnahmen wieder abnimmt. Auch für die Krebsvorsorge bzw. Krebsfrüherkennung wird auf breiter Front geforscht und geworben.

So sinnvoll und notwendig solche Maßnahmen für die moderne Medizin und die Patienten, besonders unter dem Aspekt der steigenden Lebenserwartung auch sein können, Kritikpunkte sollen jedoch nicht verschwiegen werden:

- Statistische Risiken können niemals unkritisch auf das einzelne Individuum übertragen werden. Die statistischen Zahlenangaben sind für Patienten – und vielleicht auch für manchen Arzt – unverständlich. Wenn zum Beispiel beim Mammographie-Screening gesagt wird, es erniedrige das (relative) Risiko an Brustkrebs zu sterben um 25 %, dann bedeutet das für das absolute Risiko: wenn von 1000 Frauen innerhalb von 10 Jahren 4 an Brustkrebs sterben, so sind es mit Mammographie Screening 3. Wenn von einem 20 %tigen Infarktrisiko die Rede ist, dass sich durch eine medikamentöse Maßnahme um 25 % reduziert, bedeutet das konkret: von 100 Menschen mit einem bestimmten Risikoprofil erleiden statistisch in den nächsten 10 Jahren 20 einen Herzinfarkt; wird das Medikament konsequent eingenommen, werden es wahrscheinlich nur 15 sein.
- Es werden in der Krebsvorsorge falsch positive Befunde erstellt, deren Konsequenzen, Ängste und operative diagnostische Eingriffe, für die Betroffenen sehr belastend sein können. Auch die Früherkennungsuntersuchung selbst hat Komplikationen (Dickdarmspiegelung) oder Nebenwirkungen (Strahlenbelastung der Mammographie). Es werden je nach Erfahrung des Untersuchers positive Befunde übersehen. 100 %tige Sicherheit und Garantien bleiben eine Illusion.
- „Gesunde Gesunde" werden durch Erfassen ihrer „Risikofaktoren" zu kontroll- und unter Umständen behandlungsbedürftigen „gesunden Kranken" gemacht; das schafft Ängste, deren gesundheitliche Auswirkungen und Folgekosten niemand untersucht.[98]
- Medikamentöse präventivmedizinische Therapien haben Nebenwirkungen und sind kostspielig; auch bei bester positiver Studienlage nimmt rein statistisch ein Teil der Patienten die Medikamente ohne Nutzen ein.
- Wirtschaftliche Interessen und Verflechtungen zwischen Wissenschaft und Industrie spielen eine erhebliche Rolle. Das in der Vergangenheit ständige Absenken von Grenzwerten schafft über Nacht Millionen neuer Patienten.

---

98 In Anlehnung an Kamps, H.: Gut für die gesunden Kranken; in: Deutscher Ärzteblatt 23/2008 S. 1081.

- Bedenklich ist es, wenn mit den Methoden der Komplementär- oder Alternativmedizin angebliche Prävention betrieben wird und ängstigende Diagnosen gestellt werden; oft noch mit der Behauptung, Krankheiten in einem erheblich früheren Stadium als die so genannte Schulmedizin erfassen und daher zum Glück auch noch rechtzeitig heilen zu können. Für Methoden wie Bioresonanz, Irisdiagnostik, Kinesiologie, alternativmedizinische Laboruntersuchungen, Vegatest, chinesische Puls- und Zungendiagnostik sind Evidenz und wissenschaftliche Validität von begrenzt über zweifelhaft bis nicht vorhanden.[99]

Kernsatz

◆ Wir halten einen sinnorientierten, glücklichen, möglichst angstfreien, genussvollen und gesundheitsförderlichen Lebensstil für die beste Prävention.

Welche Empfehlungen können wir im Umgang mit Präventivmedizin guten Gewissens aussprechen?

- Suchen Sie sich einen kompetenten Arzt Ihres Vertrauens, der Sie durch den medizinischen „Informationsdschungel" begleitet und Ihnen hilft, die für Sie individuell relevanten Risikofaktoren zu erkennen und der die notwendigen präventivmedizinischen Untersuchungen mit „Augenmaß" veranlasst. Fragen Sie ruhig nach, welche Untersuchungen Ihr Arzt für sich und seine Familie durchführen lässt. Seien Sie aber auf jeden Fall weniger autoritätsgläubig und kritischer als die Frau im folgenden Beispiel:

Einladung zum Nachdenken

„Ein Mann lag schwer krank danieder, und es schien, als sei sein Tod nicht fern. Seine Frau holte in ihrer Angst den Arzt des Dorfes. Der Arzt klopfte und horchte über ein halbe Stunde lang an dem Kranken herum, fühlte den Puls, legte seinen Kopf auf die Brust des Patienten, drehte ihn in die Bauch- und Seitenlage und wieder zurück, hob die Beine des Kranken an und dann den Oberkörper, öffnete dessen Augen, schaute in seinen Mund und sagte dann ganz überzeugt und sicher: „Liebe Frau ich muss Ihnen leider die traurige Nachricht machen, Ihr Mann ist seit zwei Tagen tot." In diesem Augenblick hob der Schwerkranke erschreckt seinen Kopf und wimmerte ängstlich: „Nein, meine Liebste, ich lebe

99 Vgl. Ernst, E.: Praxis Naturheilverfahren. 2001. S. 22 ff.

noch!" Energisch schlug die Frau mit der Faust auf den Kopf des Kranken und rief zornig: „Sei du still! Der Arzt ist Fachmann, und er muss es ja wissen. **[Persische Geschichte]**

- Es sollten möglichst schonende, wissenschaftlich fundierte und plausible Verfahren zu Anwendung kommen; das mögliche Risiko einer Untersuchung sollte im Verhältnis zum Nutzen minimal sein; ein positives Ergebnis sollte auch eine therapeutische Konsequenz haben.
- Nutzen Sie die harmlosen, ungefährlichen Präventionsangebote für Ihre Kinder beim Kinderarzt.
- Die folgenden Erkrankungen und Risikofaktoren sollten möglichst früh erkannt und „mit Augenmaß", unter Abwägung Ihres individuellen Risikoprofils, behandelt werden; zunächst durch gesundheitsförderliche Änderung des Lebensstils, aber falls nötig zusätzlich auch konsequent pharmakologisch:
    - deutliches Übergewicht (bei einem Body-Mass-Index > 30 kg/qm)
    - Bluthochdruck
    - Diabetes mellitus
    - relevante Fettstoffwechselstörungen
    - Osteoporose
    - erhöhte Harnsäurewerte.

In welchen Situationen lebenslange Medikamenteneinnahme sinnvoll ist

Wenn Sie die Nebenwirkungen von Medikamenten, die Sie unter Umständen ein Leben lang einnehmen müssen, fürchten, versuchen wir Sie mit den folgenden Überlegungen etwas zu beruhigen.[100]

Einladung zum Nachdenken

Beipackzettel von Medikamenten enthalten in der Regel eine mehr oder weniger lange Liste beängstigender Nebenwirkungen und drohender Schäden, deren Schilderung durch die für den Laien oft unverständliche Fachsprache noch dramatischer erscheint. Allein deshalb nehmen einige Patienten ihre Medikamente nicht oder nur unregelmäßig und riskieren damit unwissend schwere gesundheitliche Schäden oder auch

100 Zink, C. D.: Zitiert nach Hompage www.dr-lindner.de/

den vorzeitigen Tod durch eine dann unbehandelte Krankheit: zum Beispiel Bluthochdruck oder Zuckerkrankheit.
Die Rechtsprechung zwingt jeden Pharmahersteller, alle irgendwo veröffentlichten und bekannt gewordenen Nebenwirkungen eines Medikamentes in den Beipackzettel aufzunehmen. Dies führt häufig zu einer Fehleinschätzung der wirklichen Gefahr.
Um dies zu verdeutlichen, stellen Sie sich bitte vor, sie müssten ein Medikament schlucken, bei dem unter Nebenwirkungen folgendes zu lesen wäre:
An Nebenwirkungen sind bekannt geworden:

- Karies, Zahnfleischerkrankungen und Zahnverlust von frühester Kindheit an
- Verstopfung, Bauchschmerzen und Übelkeit
- bei längerer Einnahme drohen Zuckerkrankheit, Bluthochdruck und Übergewicht
- in der Folge dann Schlaganfall, Herzinfarkt, Durchblutungsstörungen, die schlimmstenfalls eine Gliedmaßenamputation notwendig machen sowie Nierenversagen und Erblindung
- Todesfälle

Die Einnahme dieses Medikamentes würden Sie wahrscheinlich verweigern. Wenn Sie nun erfahren was der Inhaltsstoff dieses fiktiven Medikamentes ist, wird Ihnen wahrscheinlich schlagartig klar, wie sehr diese detaillierten Informationen die Relationen in Richtung gefühltes Risiko verschieben und zur totalen Verunsicherung führen können. Das fiktive Medikament ist nämlich *Schokolade.*

Kann Schokolade gefährlicher als Medikamente sein?

Während Schokolade und ähnlich potenziell schädliche kaloriendichte Nahrungsmittel und Getränke, Zigaretten und Alkoholika überall frei für jedermann zugänglich sind und auch nicht der Linderung von Krankheiten und der Lebensverlängerung dienen, dürfen Medikamente erst nach jahrelanger wissenschaftlicher Überprüfung von fachkundigen Ärzten verschrieben und von fachkundigen Apothekern ausgehändigt werden.
Medikamente lindern täglich und weltweit das Leiden von Millionen von Kranken, retten und verlängern Leben. Dabei treten selbstverständlich auch Nebenwirkungen auf, die in der Regel aber bemerkt werden, zum Absetzten des Präparates führen und in den meisten Fällen dann folgenlos bleiben. In Relation zu diesen millionenfachen segensreichen Effekten treten bleibende Schäden und Todesfälle selten auf.

Letztlich fügen frei verkäufliche Rauchwaren, kaloriendichte Nahrungsmittel und Alkoholika der Menschheit mehr Schaden zu als alle weltweit eingenommenen Medikamente.
Die Nebenwirkungen von Genussmitteln werden kurioserweise als selbstverständlich hingenommen, während lebensverlängernde und millionenfach hilfreiche Medikamente häufig nur unter dem Aspekt ihrer Nebenwirkungen öffentlich diskutiert und kritisiert werden.

- Sorgen Sie konsequent für einen ausreichenden und permanenten Impfschutz gegen die folgenden Infektionskrankheiten:
  - Tetanus,
  - Diphterie,
  - Polio,
  - Hepatitis A und B,
  - Keuchhusten,
  - Masern,
  - Mumps,
  - bei Mädchen Röteln und HPV.

  Im Alter zusätzlich gegen
  - Grippe
  - Pneumokokken Infektionen.

  Bei Fernreisen gezielte Impfungen nach reisemedizinischer Beratung. Impfungen sind nach Ausschluss von Kontraindikationen und in Phasen guter, allgemeiner Gesundheit durchgeführt absolut verträglich.
  Der Nutzen von Impfungen übersteigt bei weitem ihr potentielles Risiko.
- Ab dem 40. Lebensjahr können nach Rücksprache mit dem Arzt Ihres Vertrauens und besonders bei Vorliegen familiärer oder individueller Risiken gelegentliche Untersuchungen von Blut, Urin und Stuhl sinnvoll sein.
- Für Frauen wird die jährliche gynäkologische Kontrolluntersuchung mit Pap-Test und Ultraschalluntersuchung des Unterleibs empfohlen. Die Selbstkontrolle der Brust kann durch wöchentliches Abtasten durchgeführt werden; ab dem 40. Lebensjahr sollte die weibliche Brust alle zwei Jahre mammographiert und sonographiert werden. Die Auswertung muss in einem zertifizierten Brustzentrum erfolgen, um eine optimale Qualität der Untersuchung zu gewährleisten.

- Für Männer ab dem 50. Lebensjahr ist die urologische Vorsorgeuntersuchung mit Untersuchung der Prostata sinnvoll.
- Ab dem 50. Lebensjahr, bei genetischem Risiko für Dickdarm Krebs bereits ab 40, ist eine Dickdarmspiegelung empfehlenswert. Falls keine krankhaften Veränderungen, (Darmpolypen) und kein genetisches Risiko für Darmkrebs vorliegen, ist eine weitere Dickdarmuntersuchung erst nach 10 Jahren, sonst in 2jährigen Abständen notwendig.
- Sorgen Sie für eine gute Zahnhygiene und suchen Sie mindestens einmal jährlich einen Zahnarzt auf. Zahnerkrankungen sind nicht nur von ästhetischer Bedeutung, sondern können gesundheitlich negative Auswirkungen auf den gesamten Organismus haben. Lassen Sie sich aber bitte auf keinen Fall von einem „biologischen Zahnarzt" mit Pseudodiagnosen zu unnötigen, kostspieligen und unter Umständen verstümmelnden Zahneingriffen verleiten!
- Bei Frauen ab 50, besonders bei schlankem Körperwuchs und familiären Fällen von Osteoporose (Buckelbildung oder Knochenbrüche im Alter bei weiblichen Vorfahren) sollte eine Knochendichtemessung mit der DXA Methode durchgeführt werden. Aber auch Männer können von Osteoporose betroffen sein.
- Bei allen schlecht heilenden Wunden und sich verändernden, juckenden, nässenden oder blutenden Muttermalen ist eine unverzügliche hautärztliche Kontrolluntersuchung notwendig.

Einladung zum Nachdenken

Der erste Präventivmediziner war übrigens Hippokrates von Kos (460–377 v. Chr.). Seine Ordnungstherapie, die Diaita, umfasste

- natürliche Ernährung,
- regelmäßiger körperlicher Bewegung,
- Abhärtung,
- Schulung zur seelischen Gelassenheit.

Auch Pfarrer Kneipp (1821–1897) hat uns ein wissenschaftlich anerkanntes und gerade präventivmedizinisch interessantes Therapie-Konzept hinterlassen. Es steht auf den 5 Säulen

- Ordnungstherapie (rhythmischer Wechsel von Reiz und Erholung),
- Ernährungstherapie,

- Bewegungstherapie,
- Hydrotherapie (Behandlung mit Wasser und Temperaturreizen) und
- Phytotherapie(Pflanzenheilkunde).

Dieses Konzept erfüllt auch die Kriterien für klassische Naturheilverfahren. Diese sollen

- die Selbstheilungskräfte des Organismus unterstützen,
- sich im wesentlichen natürlicher Mittel bedienen,
- die Schädigung des Organismus vermeiden,
- sich um eine ganzheitliche Betrachtungsweise von Krankheit und Gesundheit bemühen,
- besonderen Wert auf die Krankheitsprophylaxe und die Selbstverantwortung des Patienten legen.

Die Kneipp Therapie hat gerade unter präventivmedizinischen Gesichtspunkten auch heutzutage nichts an Aktualität verloren. Besonders die Wasseranwendungen und die Thermotherapie einschließlich der Sauna erfreuen sich breiter Beliebtheit und sind unter Berücksichtigung weniger Kontraindikationen nahezu uneingeschränkt zu empfehlen.

„Die Wissenschaft, richtig verstanden, heilt den Menschen von seinem Stolz; denn sie zeigt ihm seine Grenzen." **[Albert Schweitzer]**

Einladung zum Nachdenken

Die Suche nach Sinn bezieht sich auf alle Bereiche des Lebens, auf die dunklen ebenso wie auf die hellen. Die Suche nach Glück konzentriert sich nur auf die hellen. Es kann daher sein, dass der, der nur das Glück sucht, sein eigenes Leben halbiert. **[Uwe Böschemeyer]**

Manager im Visier

„Der zuverlässigste Weg, die Zukunft zu sehen, ist das Verstehen der Gegenwart." **[John Naisbitt]**

Für die durch den Lebensstil bedingten spezifischen Risiken der Manager gelten zusätzlich die folgenden Empfehlungen zur Gewährleistung physischer Gesundheit:

- Versuchen Sie Ihr Leben durch gute Organisation ihrer Arbeit und Delegieren so zu strukturieren, dass täglich Zeiteinheiten für ruhige Mahlzeiten (3 mal 15–20 Minuten), Bewegung (mindestens 30 Minuten), Entspannung (mindestens 30 Minuten) und ausreichenden Schlaf zu Verfügung stehen.

Manager ein riskanter Beruf?

- Bei sitzender Lebensweise besonders wichtig ist die tägliche gesundheitswirksame Bewegung oder eine angemessene sportliche Betätigung. Wählen Sie die Art von Bewegungsaktivität bzw. Sport aus, die Ihnen Spaß macht und die Sie möglichst auch auf Reisen praktizieren können. In fast allen Hotels werden heutzutage Fitnesseinrichtungen angeboten. Wenn Sie sich nicht überwinden können, allein Sport zu treiben, engagieren Sie einen „personal trainer"!
- Suchen Sie ein für Sie passendes Entspannungsverfahren. Das kann das Lesen eines Buches, das Malen eines Bildes, das Spielen eines Instrumentes, ein guter Film oder ein Treffen mit Freunden sein. Wenn Sie eher ein spiritueller Mensch sind, könne Sie meditieren, autogenes Training oder eine meditative Gymnastik wie Yoga oder Qi Gong erlernen. Sind Sie eher rational und körperorientiert, bietet sich die progressive Muskelentspannung nach Jakobson an. Manchmal kann auch absolutes Nichtstun sehr entspannend sein.
- Versuchen Sie sich genussvoll und gesunderhaltend zu ernähren! Das ist heutzutage auch auf Reisen weltweit möglich.
- Halten Sie Maß beim Konsum von Genussmitteln und Alkohol und stellen Sie das Rauchen unter allen Umständen ein!
- Gestalten Sie die Arbeitsabläufe in Ihrem Betrieb gesunderhaltend; schaffen Sie Ruhe- und Fitnessräume; fördern Sie betriebssportliche Aktivitäten; belohen Sie Mitarbeiter, die zu Fuß oder mit dem Fahrrad zum Arbeitsplatz kommen. Sorgen sie für ein adäquates Raumklima, gute Lichtverhältnisse und Lärmschutz. Fördern Sie die Gesundheitskompetenz Ihrer Mitarbeiter durch Schulungen und Aufklärungskampagnen; bieten Sie Hilfe beim Versuch, Nichtraucher zu werden. Sorgen Sie für eine schmackhafte, gesunderhaltende Verpflegung in Ihrem Betrieb!

„Wir brauchen Männer, die von innen leben, aus der Tiefe ihrer Seele, aus der Weisheit einer Welt, die tiefer und reifer ist, als sie selbst es in ihrer Begrenztheit sind." **[Ulrich Schaffer]**

Einladung zum Nachdenken

Was ist die innere Stimme?

Sie ist ein Zusammenspiel von Instinkt, Intuition und Erfahrung. Man kann sie auch Ausdruck der Weisheit des Herzens nennen.

[Uwe Böschemeyer zitiert nach Blaise Pascal]

Lebenskunstmanagement: Die sieben Tops der Selbstgestaltung und Lebenskunst

„Die Frage des Friedens ist nicht zuerst eine Frage an die Welt, sondern für jeden an sich selbst." **[Karl Jaspers]**

Lebenskunst beginnt mit einer Geisteshaltung, deren Quelle unser Menschenbild ist; ein würdiges, sinnzentriertes Menschenbild, als Richtschnur für ein gelingendes Leben. Zur Orientierung hilft uns ein Modell, das nicht im Sinne einer Checkliste sondern als Anregung für einen lebenslangen Entwicklungsprozess aufzufassen ist; das Modell der *„sieben Schritte oder Tops der Selbstgestaltung und Lebenskunst"*:

Lebenskunst ist primär eine Geisteshaltung!

1. Unsere Einzigartigkeit erkennen und entfalten: durch Selbstgestaltung die Persönlichkeit werden, die wir sein können.
2. Mutig unseren eigenen Weg gehen.
3. Sinnvolles bewirken.
4. Die volle Verantwortung für unsere Haltungen und Gefühle übernehmen.
5. Den Lebenskünstler in uns wecken – Selbstvertrauen gewinnen.
6. Resonanzfähigkeit erzeugen.
7. Nicht stehen bleiben.

„Der Mensch ist weder Engel noch Tier – wird er Gott oder den Tieren gleich sein?" **[Blaise Pascal]**

Die sieben Tops der Lebenskunst als Grundlage für psychische, soziale und existenzielle Gesundheit

Warum ist hier jeder glücklich außer mir?
Weil sie gelernt haben überall Güte und Schönheit zu sehen,

sagte der Meister.
Warum sehe ich nicht überall Güte und Schönheit?
Weil du draußen nicht etwas sehen kannst, was du in deinem Inneren nicht siehst.
[Antony de Mello]

Je besser es uns gelingt, diese „sieben Tops" zu leben, desto weniger laufen wir Gefahr, in Burnout, Boreout, Lieblosigkeit, Mittelmäßigkeit, Erfolglosigkeit, Apathie und innerer Leere zu enden; wir werden authentischer, energiereicher und dynamischer. Wir wachsen in unserem höchsten Wert, dem Selbstwert, sind ausgeglichen und positiv gestimmt.

Top 1: Unsere Einzigartigkeit erkennen und entfalten: durch Selbstgestaltung die Persönlichkeit werden, die wir sein können

„In jedem steckt ein Bild, des der er werden soll. Solang er das nicht ist, ist nicht sein Friede voll." **[Wolfram Kurz]**

Dieses Zitat beschreibt sehr treffend eine unserer wichtigsten Aufgaben im Leben: zu erforschen was in uns steckt, was befreit, entfaltet und gelebt werden will. Was unser inneres Anliegen ist, uns berührt, unsere Quelle für Motivation und Leidenschaft ist und Beruf zu Berufung werden lässt: die lebensthematische Mitte. Dazu müssen wir zuversichtlich und mutig den herausfordernden, Kraft zehrenden Weg nach innen gehen, einen Weg, der uns zu unseren wahren Potenzialen und zu unseren ganz persönlichen Kernkompetenzen führt; wie die hässliche Raupe, die das ganze Potenzial eines schönen Falters in sich trägt, aber die Kraft aufbringen muss, diesen hässlichen Kokon zu sprengen.

Das „Erkenne dich selbst" galt bereits bei den alten Griechen als höchstes philosophisches und religiöses Ziel menschlichen Bemühens, sodass sie das „gnothi seauton" in großen Lettern über ihrem wichtigsten Heiligtum, dem Apollotempel zu Delphi einmeißelten. Die Antwort des delphischen Orakels über den weisesten aller Menschen, mag uns ahnen lassen, was Selbsterkenntnis bedeutet.[101]

Kernsatz

◆ Alles beginnt bei uns selbst!

101 Vgl. Lay, R.: Weisheit für Unweise, 2000, S. 22.

Auch wenn wir uns umfassendes Wissen aneignen und das ganze Universum geistig zu erobern versuchen, den inneren Frieden finden wir nur in uns selbst. Dieses Selbst gilt es zu erkennen. Daraus ergeben sich die Aufgaben, deren Erfüllung unser Leben gelingen lässt.

Kernsatz

- Für die psychische, soziale und existenzielle Gesundheit ist es entscheidend, dass der Mensch seine lebensthematische Mitte im Sinne einer Lebensaufgabe findet.“[102]

Der neurotische Mensch wird nicht in erster Linie dadurch gesund, dass er von seinen Ängsten, Zwängen oder fehlorientierten Intentionen weg kommt, sondern dadurch, dass er zu einer sinnvollen Lebensgestaltung hinkommt.[103]

Sinnvolle Lebensgestaltung bedeutet, mit einzigartigen Potenzialen einen zumindest kleinen Beitrag zur Verbesserung der Welt und der gesellschaftlichen Entwicklung zu leisten; das ist unsere eigentliche Daseinsberechtigung. In dem Bedürfnis nach dieser persönlichen Entfaltung zeigt sich die menschliche Sehnsucht nach Vollendung.

Folgende Übung, die wir zum Beispiel beim Spaziergang oder beim Radfahren machen können, kann dabei helfen:

Einladung zum Nachdenken

Übung:

Sie stellen sich vor, Sie sind sehr alt geworden und geistig noch vollkommen fit. Sie sitzen als 90-Jährige(r) auf Ihrer Ofenbank. Was möchten Sie gerne von Ihrem Leben sagen können, welche Lebensbilanz müssten Sie präsentieren können, um Wohlgefühl und Freude zu verspüren, ein Gefühl, das Sie erfüllt sein lässt? Damit können Sie Antworten auf die entscheidende menschliche Fragestellung finden: „Wofür will ich gelebt, geleistet und gewirkt haben?“

Diese Übung hilft uns zu ergründen, wozu wir gut sind; wir erfahren uns selbst als Wert, weil wir ein „WOZU“ haben und entwickeln ein Gefühl dafür, dass es gut ist, dass es uns gibt. Versuchen wir unser individuelles Rohmaterial, wir können es mit Holz, Marmor

102 Vgl. Kurz, W.: Einführung in die sinnzentrierte Psychotherapie Viktor Frankls in: Sinn in Zeiten der Resignation, Kurz, W./Klosinski, G. (Hrsg.) Tübingen, 2006 S. 33.

103 Vgl. Kurz, W.: a.a.O. (2006) S. 34 ff.

oder einem halbfertigen Bild vergleichen, in seinen einzigartigen Eigenheiten zu erkennen! Die folgende Geschichte veranschaulicht dies sehr treffend:

Einladung zum Nachdenken

Von Michelangelo, dem großen Meister, wird erzählt, er sei in den Marmorbruch gegangen, habe die einzelnen Marmorblöcke angeschaut, sie dann an allen vier Seiten von oben nach unten mit seinen Händen berührt, um die Konsistenz des jeweiligen Marmors zu erspüren. Danach habe er sich mit verschränkten Armen vor sie hingestellt und sie befragt:
„Welche Statue kann ich aus dir befreien"?

Kernsatz

- Ja, welche Statue können wir aus uns befreien, um authentisch, gesund, erfolgreich und erfüllt zu leben?

Wir müssen uns auf die Suche nach den in uns schlummernden Potenzialen machen, die darauf warten befreit zu werden, wenn wir unser Leben nicht schlafwandelnd verbringen wollen. Einstein soll gesagt haben, dass wir im besten Fall 25 % unserer Potenziale nutzen. Das würde bedeuten, dass wir 75 % unserer Potenziale einfach nur spazieren führen. In wirtschaftlicher Terminologie: Leerkosten für unausgelastete Kapazitäten. Welch ungenütztes menschliches und wirtschaftliches Wachstumspotenzial!

Machen wir uns also auf die Entdeckungsreise zu unserem Charakter: wie können wir aus unserem Charakter eine reife Persönlichkeit formen?

Charakter und Persönlichkeit: zwei Seiten ein und derselben Medaille

Die beiden Begriffe Charakter und Persönlichkeit werden meist als Synonyme verstanden. Frankl hingegen unterscheidet zwischen Charakter und Persönlichkeit. Zum Charakter zählt er alle angeborenen und erworbenen Eigenschaften; dadurch gehören wir unfreiwillig zu einem Typus mit bestimmten Verhaltensweisen. So kann ein Mensch zum Beispiel sehr temperamentvoll oder sehr introvertiert sein. Diese Eigenschaften gehören zu seinem Rohmaterial. Es kommt nun darauf an, diese Eigenschaften wahrzunehmen, konstruktiv mit ihnen umzugehen und sie zu formen: zum Positiven für sich selbst und andere Menschen oder, bescheidener, überwiegend positiv. Auf keinen Fall im Sinne von: „Ich bin halt so, man muss mich nehmen, wie ich bin." Denn wir müssen nicht die bleiben, die Erbe und Umwelt aus uns gemacht haben. Um mit Frankl zu sprechen: Wir müssen uns nicht alles von uns selbst gefallen lassen auch nicht von unseren Genen und Umweltprägungen.

Kernsatz

- Zur Persönlichkeit hingegen wird der Mensch, indem er zu seinen charakterlichen Bedingtheiten Stellung nimmt, sie in Selbstverantwortung formt, aus Fehlern lernt und sich in ständiger Selbstreflexion weiterentwickelt.

„Persönlichkeit ist der Mensch im Werden." **[Viktor Frankl]**

Diese Persönlichkeitsdefinition von Frankl beruhigt gerade in unserer heutigen Zeit, der Zeit der vielen Superlative. Wir müssen also nicht perfekt sein; bereits wenn wir über uns nachzudenken beginnen, also auf dem Weg sind, sind wir schon eine Persönlichkeit.

Bevor wir uns zur Persönlichkeit zu einem Unikat und Original entwickeln können, müssen wir zunächst unsere charakterlichen Eigenheiten, unseren Typus, oder noch häufiger unseren Mix aus mehreren Typen erkennen.

Was einen Menschen jedoch zum Leben befreit, ist nicht das Typische an ihm, sondern seine Originalität. Das Typische beschwert und erleichtert sein Dasein, das Originäre begründet seine Liebe zum Leben. Deshalb ist es wichtig, dass er das Typische, das ihn einengt, überwindet und das, was ihn fördert, aus sich heraus lebt.[104]

Die Reise zur Persönlichkeitsgestaltung, zu unserer Originalität werden wir auf der Basis eines von der Psychotherapeutin Frau Dr. Boglarka Hadinger[105] entwickelten und von uns etwas modifizierten Instrumentariums vornehmen.

1. Schritt:

Wir verinnerlichen:

Kernsatz

- Der Mensch ist eine Person, er hat einen Charakter und er wird zur Persönlichkeit durch die Selbstformung (siehe Abbildung 11 auf Seite 128).

Auf der Seite des Charakters zeigt sich die wesensmäßige Eigenart eines Menschen. Sie offenbart sich in den Grundfähigkeiten, in den

104 Vgl. Böschemeyer, U.: Vom Typ zum Original, die neuen Gesichter des Seele und das eigene Gesicht, Hamburg, 2005, S. 4.

105 Vgl. Hadinger, B.: Haben Sie Lust zu Selbsterziehung – das Geheimnis charakterstarker Persönlichkeiten, Tübingen/Berlin 2008.

Abbildung 11: **Charakter und Persönlichkeit: zwei Seiten eines Buches**

Charakter	**Persönlichkeit**
Grundsatz: „Werde, der du bist"	**Grundsatz 1:** „Forme dich ohne dich zu verformen" **Grundsatz 2:** „Stelle dich den Lebensaufgaben"

Werten, im Arbeitscharakter, im Beziehungsverhalten, im Temperament, im Denkstil, in den tiefen Sehnsüchten: ganz eigenen Lebensthemen. Der Grundsatz lautet: „Werde, der du bist!" Die Entwicklung des eigenen Charakters erfordert Mut zu sich selbst.

Auf der Seite der Persönlichkeit zeigen sich die Reife und Humanität eines Menschen. Sie offenbart sich in der Bereitschaft zur Selbstformung, in einer klaren, für sich selbst und für andere lebensfreundlichen Wertewelt, in einer tiefen Verankerung, in Aufgabenbereitschaft, im Einsatz für diese Welt, in Milde, Demut und im Humor. Die Entwicklung dieser Seite erfordert die Bereitschaft zur Selbstlenkung und den aktiven Einsatz für die Aufgaben dieser Welt.[106]

2. Schritt:

Die ideale Persönlichkeit – als Polarstern

Für die Selbstgestaltung zu einer charakterstarken Persönlichkeit orientieren wir uns an ihren idealen Eigenschaften und Merkmalen; wohl wissend, dass wir trotz allem nie perfekt sein werden und es auch bei uns immer mal wieder „menschelt"; wir machen Fehler, fallen zurück, stehen aber auch wieder auf und gehen weiter. Die Eigenschaften der idealen Persönlichkeit (siehe Abbildung 12 auf Seite 129) weisen uns im Sinne eines Polarsterns immer wieder die Richtung, damit wir trotz Irrungen und Wirrungen nicht vom richtigen Weg abkommen.

3. Schritt:

Nun zunächst zum Charakter: welche Grundfähigkeiten machen unsere Einzigartigkeit aus? (siehe Abbildung 13 auf Seite 129) Dazu folgende Auflistung:[107]

106 Vgl. Hadinger, B.: a. a. O. (2008).
107 Vgl. Hadinger, B.: a. a. O. 2008.

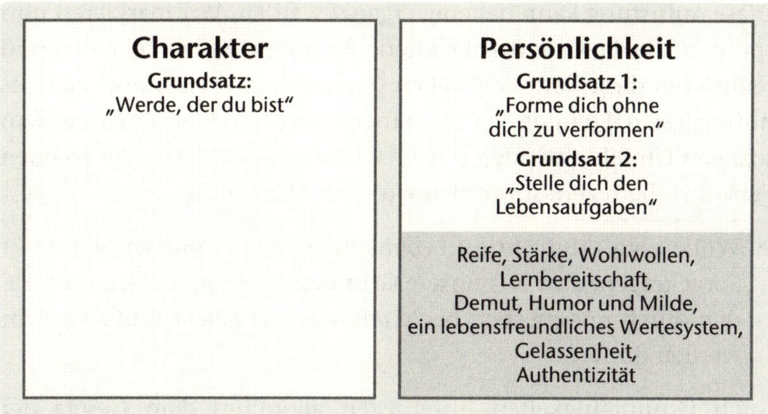

Abbildung 12: **Persönlichkeitsentwicklung**[108]

- Kreativität, lösungsorientiertes Denken, Kommunikationstalent, Lebenstüchtigkeit, Ausdauer, Ausgeglichenheit, Optimismus, Strukturiertheit, Vorsicht, Waghalsigkeit, Humor, Spontanität, Ideenreichtum, vernetztes Denken, Neugier, Lernlust, Leichtigkeit, Dankbarkeit, Dynamik, Tiefgründigkeit, visionäres Denken, Gestaltungsfreude, Schnelligkeit, Genauigkeit, Zielstrebigkeit, sportlicher Ehrgeiz, Zukunftsblick, Direktheit, Einfühlungsvermögen, Lebensfreude, Entscheidungsfreude, Ermutigungsfähigkeit, Führungsfähigkeit, Kollegialität, Selbstdisziplin, Organisationstalent, stilvolles Auftreten, Durchsetzungsfähigkeit, Verhandlungsfähigkeit, Reflexionsfähigkeit, Konfliktfähigkeit, musische Fähigkeiten und Forschergeist.

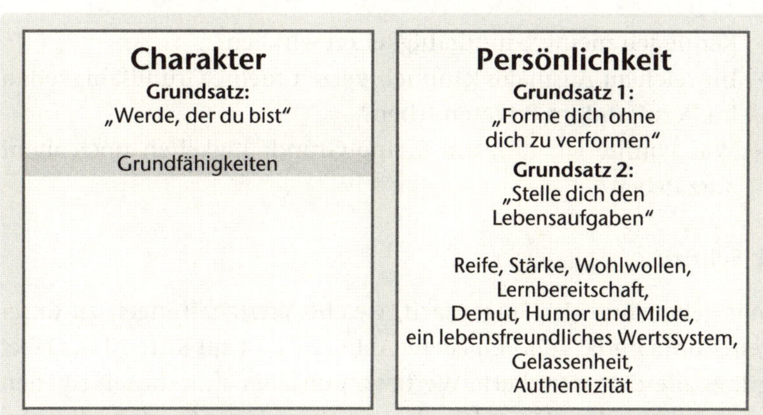

Abbildung 13: **Unsere Grundfähigkeiten als Merkmal unseres Charakters**

108 In Anlehnung an Hadinger, B.: a.a.O. 2008.

Diese Auflistung kann beliebig ergänzt werden. Wir markieren nun spontan alle die Grundfähigkeiten, die wir zu besitzen glauben und reduzieren diese dann auf sieben Grundfähigkeiten. Dabei kann es hilfreich sein, Freunde, Familienangehörige und Menschen aus dem sozialen Umfeld über deren Beobachtungen bezüglich der eigenen Person zu befragen; so werden wir schneller fündig.

Kernsatz

◆ Wollen wir erfüllt unser Lebensthema leben, müssen wir dafür Sorge tragen, dass uns unsere Grundfähigkeiten wie ein roter Faden durch unser Leben begleiten, dass sie gelebt und ausgelebt werden dürfen.

Auch Grundfähigkeiten unterliegen allerdings dem Gesetz der Ambivalenz; wir können sie immer und überall zum Positiven wie auch zum Negativen nutzen; zu unserem Vorteil und zum Nachteil anderer. Dies verhindert nachhaltigen Erfolg und Erfüllung. Eine reife, erfolgreiche Persönlichkeit übernimmt die volle Verantwortung für die Nutzung und Entwicklung der Grundfähigkeiten. Sie unternimmt immer wieder den Versuch, sie zum Positiven für sich selbst und für andere zu leben. Dazu ein Beispiel:

> Sokrates soll einmal gesagt haben: er habe in sich sowohl die Anlage zu einem geschickten Verbrecher, als auch zu einem weisen Philosophen vorgefunden. Er hat das zweite gewählt.[109]

Die Orientierung an unserem bereits vorgestellten Sinnkompass hilft uns, unsere Fähigkeiten für uns und andere Menschen zum Positiven zu entfalten.

Sinnfragen

- Kenne ich meine Grundfähigkeiten wirklich?
- In welchem Ausmaße kann ich derzeit meine Grundfähigkeiten im Beruf und im Privaten leben?
- Was könnte ich tun, um meine Grundfähigkeiten noch mehr auszuleben?

4. Schritt:

Wir gehen nun der Frage nach, welche Wertehaltungen zu unserem Rohmaterial gehören (siehe Abbildung 14 auf Seite 131). Dabei gilt es allerdings, tradierte Werte von unseren authentisch eigenen zu unterscheiden. Die folgende Auflistung kann für das Erkennen

109 Vgl. Lukas, E.: Den ersten Schritt tun, Konflikte lösen, Frieden schaffen 2008, S. 15.

Charakter	**Persönlichkeit**
Grundsatz: „Werde, der du bist“ Grundfähigkeiten Werte	**Grundsatz 1:** „Forme dich ohne dich zu verformen“ **Grundsatz 2:** „Stelle dich den Lebensaufgaben“ Reife, Stärke, Wohlwollen, Lernbereitschaft, Demut, Humor und Milde, ein lebensfreundliches Wertssystem, Gelassenheit, Authentizität

Abbildung 14: **Unsere Werte als Merkmal unseres Charakters**

der eigenen Werte als Hilfestellung dienen und natürlich beliebig ergänzt werden. Wir unterteilen in drei Kategorien: materielle, immaterielle und ethische Werte.

Materielle Werte:
Haus, Einkommen, Freizeitaktivitäten, Karriere, Kleider, Schmuck, Auto, TV, Briefmarkensammlung, Modelleisenbahn, Schuhe, Statussymbole, Einrichtungsgegenstände, Reisen, Bücher usw.

Immaterielle Werte:
Familie, Freunde, Beziehungen, Ästhetik, Zuverlässigkeit, Präzision, Pünktlichkeit, Ordnung, Sauberkeit, Humor, Sparsamkeit, Großzügigkeit, Dankbarkeit, Bescheidenheit, Wahrhaftigkeit, Achtsamkeit, Transparenz, Diskretion, Offenheit, Harmonie, Toleranz, Güte, Einfachheit, Selbständigkeit, Zusammenhalt, Bildung, Konfliktfähigkeit, Unabhängigkeit, Gehorsam, Veränderungsbereitschaft, Ausgeglichenheit, Originalität, Aufmerksamkeit, Rücksichtnahme, Manieren, Verzeihen, Anerkennung, Wertschätzung, Hilfsbereitschaft, Respekt usw.

Ethische Werte:
Integrität, Loyalität, Fairness, Korrektheit, Mut, Verantwortung, Vertrauen, Liebe, Mitgefühl, Würde, Weisheit, Wahrhaftigkeit, Gerechtigkeit, Redlichkeit, Maßhalten, Zivilcourage usw.

Wir wählen nun aus allen drei Kategorien die für uns wichtigsten Werte aus und überlegen uns, warum wir wohl ausgerechnet diese Wahl getroffen haben. Die materiellen und die immateriellen Wertehaltungen sind von Mensch zu Mensch verschieden; hier gilt das

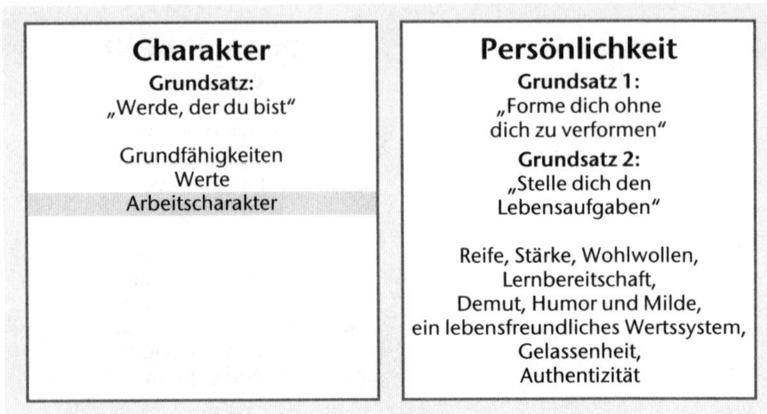

Abbildung 15: **Unser Arbeitscharakter als Teil unseres Charakters**

Prinzip der Ambivalenz. Dies zu akzeptieren ist eine entscheidende Voraussetzung, Konflikte zu vermeiden. Die ethischen Werte hingegen haben sich über Jahrtausende lang als Grundlage für gelingende, nachhaltige Beziehungen bewährt. Aber Vorsicht: Werte können zu Tyrannen werden. Lieber situationsgerecht auch mal etwas flexibler sein, um nicht Opfer sturer „Prinzipienreiterei" zu werden.

Kernsatz

◆ Je mehr ein Mensch seine Grundwesenszüge und seine Grundwerte leben kann, umso vitaler und effektiver wird er. Die Unterdrückung dieser Seiten kostet viel Kraft.[110] Bei permanenter Deckelung kommt es notgedrungen zu Frustration.

Sinnfragen

- In welchen Situationen kann ich diese Werte ganz besonders leben und was könnte ich tun, um meine Werte noch besser auszuleben?
- Was passiert, wenn ich einen Wert im Extrem lebe?
- Was passiert, wenn ich einen Wert vernachlässige?

5. Schritt:

Wir ergründen und definieren unseren Arbeitscharakter (siehe Abbildung 15).

Im Management unterscheiden wir vier Arbeitscharaktere: den Denker, den Macher, den Sozialen und den Darsteller.

110 Hadninger, B.: a.a.O. (2008).

„*Der Denker* arbeitet tiefgründig und präzise. Er erledigt seine Aufgaben sorgfältig und denkt gerne über Probleme nach, gerade wenn diese theoretischer Natur sind. Für seine optimale Leistungsfähigkeit muss er die Möglichkeit haben, sich zurückzuziehen. Er braucht einen stillen Raum, Ruhe und Zeit. Er verliert seine Leistungsfähigkeit, wenn er unter Druck gesetzt wird.

Der Macher ist der Praktiker des Lebens. Immer wenn es um praktische Dinge, um konkretes Handeln geht, lebt er auf, bewältigt Aufgaben souverän, setzt sich Ziele und geht diese energisch an. Er verliert jedoch seine Leistungsfähigkeit, wenn man ihn mit theoretischen Denkarbeiten beauftragt oder von ihm tiefgründiges Wissen in einem lebensfremden Spezialgebiet fordert.

Die unterschiedlichen Arbeitscharaktere erkennen und mit Andersartigkeit konstruktiv umgehen lernen

Der Soziale engagiert sich gerne für seine Mitmenschen und für das Gute in dieser Welt. Er ist ein ausgesprochener Teamarbeiter, ist gerne mit anderen Menschen zusammen und am Wohlergehen anderer interessiert. Er leistet viel Gutes, wenn er mit anderen an Projekten für die Verbesserung von Verhältnissen arbeiten kann. Er verliert jedoch seine Motivation sehr schnell, wenn die Arbeitsaufträge nichts mit dem Wohlergehen anderer Menschen zu tun haben oder wenn er keine Mitstreiter hat.

Der Darsteller möchte sich nicht mit einem Team identifizieren müssen, und er besitzt auch zahlreiche Lebenstechniken, die es ihm ermöglichen aufzufallen. Er ist bereit Besonderes zu leisten, wenn diese Leistung mit besonderer Aufmerksamkeit anderer oder mit einem besonderen „Glanz" in der Öffentlichkeit verbunden ist. Der Darsteller verliert jedoch schnell seine Leistungsmotivation, wenn ihm seine Anstrengungen nicht die erwünschte Aufmerksamkeit verschaffen oder wenn er von anderen lediglich als nebengeordneter Teamspieler wahrgenommen wird."[111]

Unsere Erfahrung zeigt, dass jeder Mensch einen besonders ausgeprägten „Erstarbeitscharakter" und einen etwas weniger dominierenden „Zweitcharakter" hat. Eine reife Persönlichkeit versucht, die Schwächen des jeweiligen Arbeitscharakters zu beheben und ein Mindestmaß an Stärke auch in den anderen Bereichen zu entwickeln.[112]

---

111 Hadinger, B.: Kinder Mut machen – Selbstwertgefühl und Persönlichkeit von Kindern und Jugendlichen stärken, in Mut in Zeiten der Resignation – Betrachtungen zur Bestimmung des Menschen, (Hrsg,) Hadinger, B., Tübingen 2004, S. 59 ff.

112 Vgl.: ebenda (2004) S. 60.

Charakter	**Persönlichkeit**
Grundsatz: „Werde, der du bist" Grundfähigkeiten Werte Arbeitscharakter Beziehungsharakter	**Grundsatz 1:** „Forme dich ohne dich zu verformen" **Grundsatz 2:** „Stelle dich den Lebensaufgaben" Reife, Stärke, Wohlwollen, Lernbereitschaft, Demut, Humor und Milde, ein lebensfreundliches Wertssystem, Gelassenheit, Authentizität

Abbildung 16: **Unser Beziehungscharakter**

Es ist außerordentlich wichtig zu erkennen, dass viele Menschen in einer falschen Arbeitsumgebung buchstäblich leiden. Stellen wir uns einen Denker in einem Großraumbüro vor, in dem vielleicht nette „Soziale" nebenan vom herrlichen Fest am Wochenende erzählen, oder einen Sozialen, der vielleicht als besondere Leistungsanerkennung ein Einzelbüro, weit abgeschirmt von Kollegen, bekommt, oder einen Darsteller, der nie die Möglichkeit hat, über seine Leistungserfolge bei meetings zu berichten.

Sinnfragen

- Kenne ich meinen Erstarbeitscharakter, worin zeigt er sich besonders stark?
- Sind mir die Schwächen desselben bewusst und versuche ich diese zu beheben?
- Wie kann ich die Stärken der anderen drei Arbeitscharaktere bei mir entwickeln, was will ich diesbezüglich unternehmen?

6. Schritt

Wir versuchen unseren Beziehungscharakter zu ergründen. Der Beziehungscharakter zeigt sich in der Interaktion mit anderen Menschen (siehe Abbildung 16).

Wir unterscheiden das Beziehungs- und Führungsverhalten mit Hilfe der folgenden zwei Fragestellungen:

- Wie stark ist das dominierende Verhalten?
- Wie stark ist das gefühlsbetonte Verhalten?

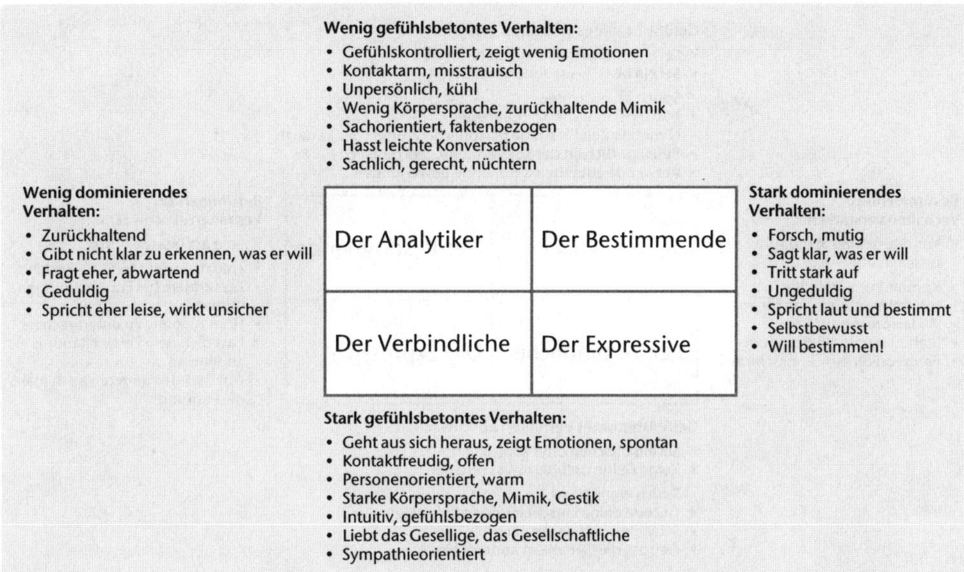

Abbildung 17: **Die vier Beziehungscharaktere**[113]

Es zeigen nun sich vier Hauptbeziehungsmuster[114], die in vier Gruppen zusammengefasst werden können, wie in Abbildung 17 dargestellt.

Der Analytiker zeigt *wenig gefühlsbetontes Verhalten*, ist gefühlskontrolliert, zeigt wenig Emotionen, ist kontaktarm und misstrauisch, unpersönlich und kühl, sachorientiert und faktenbezogen, nüchtern und zurückhaltend in der Körpersprache; ihn kennzeichnet ein *wenig dominierendes Verhalten*. Er ist zurückhaltend, gibt nicht klar zu erkennen, was er will, fragt eher abwartend und geduldig, wirkt unsicher und ordnet sich unter. Er hat die Tendenz gefühlsbetontes und dominierendes Verhalten negativ zu bewerten.

Den Bestimmenden kennzeichnet ein *stark dominierendes Verhalten*: er ist forsch, mutig, sagt klar, was er will, tritt stark auf, ist ungeduldig, spricht laut und bestimmend, ist selbstbewusst und will bestimmen. Er zeigt sich *wenig gefühlsbetont* ist gefühlskontrolliert, zeigt wenig Emotionen, ist kontaktarm und misstrauisch, unpersönlich und kühl, sachorientiert und faktenbezogen, nüchtern und zurückhaltend in der Körpersprache.

113 Ebenda.

114 In Anlehnung an Gartz, H.: Fühurung und Führungsmechanismen, Seminarunterlage 2006.

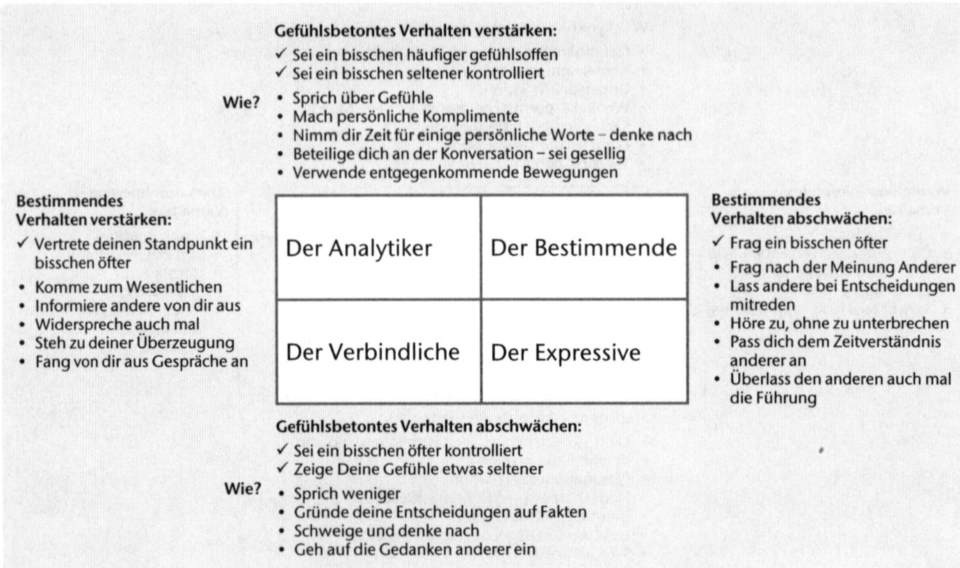

Abbildung 18: **Hilfestellung zur Verbesserung des Beziehungscharakters**[115]

Der Verbindliche zeigt *stark gefühlsbetontes Verhalten*, zeigt Emotionen, ist kontaktfreudig und *wenig dominierend.*

Der Expressive zeigt *stark gefühlsbetontes* und *ausgeprägt dominierendes Verhalten.* Er geht aus sich heraus, zeigt Emotionen, ist spontan, kontaktfreudig und offen, personenorientiert und warm; ist intuitiv und gefühlsbezogen, liebt das Gesellige, das Gesellschaftliche und ist sympathieorientiert.

Auch hier haben wir angeborene Grundtendenzen, die wir erkennen und zu Gunsten gelingender Beziehungen durch Selbstgestaltung modifizieren müssen. Aussagen wie: „Ich bin halt dominant“, oder „ich kann keine Gefühle zeigen“ lassen keine Entwicklung zu. Abbildung 18 kann eine Hilfestellung zur Verhaltensmodulation sein.

Auch für den Beziehungscharakters kann unsere Selbsteinschätzung durch die Fremdeinschätzung wohlmeinender Menschen des sozialen Umfeldes ergänzt und damit realistischer werden: wichtige Voraussetzung, um an uns selbst arbeiten zu können.

Sinnfragen

- ▶ Welchen Beziehungscharakter habe ich und wie werden sich meine Mitmenschen dabei fühlen?
- ▶ In welche Richtung möchte ich meinen Beziehungscharakter ändern?

115 Vgl. Gartz, H. a. a. O. 2006.

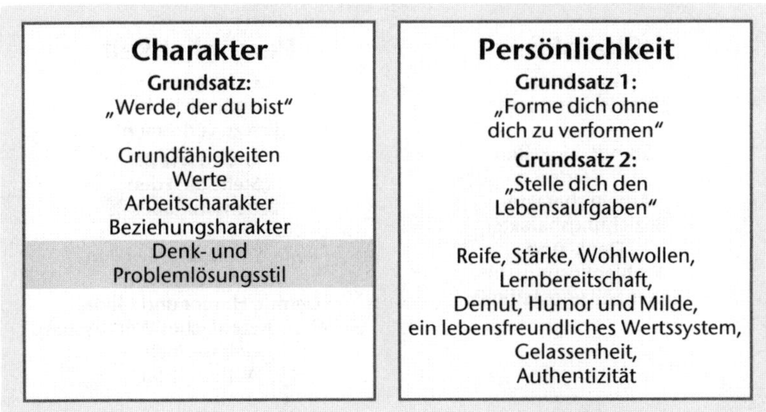

Abbildung 19: **Unser Denk- und Problemlösungsstil**

- Welche Verhaltensweisen möchte ich bei mir entwickeln und welche möchte ich fallen lassen?

7. Schritt:

Wir beobachten uns und fragen, wo und wann haben wir die besten, kreativsten und innovativsten Ideen (Abbildung 19). In unseren Seminaren erfahren wir von Teilnehmern die interessantesten und lustigsten Geschichten; ein Top Manager erzählte, er generiere seine kreativsten Ideen und Antworten auf Problemlösungen in der Badewanne voll Wasser, mit viel Badeschaum und einem gefalteten Handtuch auf dem Kopf; andere haben beim Spazierengehen, vor dem Einschlafen oder beim Autofahren die besten Ideen. Entscheidend ist es, diese kreativen Momente wahrzunehmen und sich ihrer möglichst oft zu bedienen.

- Kenne ich die Momente und Orte, in denen ich besonders kreativ und lösungsorientiert bin?
- Was könnte ich tun, um häufiger solche Momente und Orte zu erleben?
- Notiere ich mir diese Ideen sofort, damit sie nicht verlorengehen?

8. Schritt:

Nun die Frage, zu welchem ästhetischen Lebensstil wir uns hingezogen fühlen, was unser Herz höher schlagen lässt (siehe Abbildung 20 auf Seite 138).

Wir versuchen in uns die Liebe zur Ästhetik zu erkennen und zu entwickeln; unseren Sinn für die sinnlichen und schönen Aspekte

Charakter	**Persönlichkeit**
Grundsatz: „Werde, der du bist“ Grundfähigkeiten Werte Arbeitscharakter Beziehungsharakter Denk- und Problemlösungsstil Lebensstil und Ästhetik	**Grundsatz 1:** „Forme dich ohne dich zu verformen“ **Grundsatz 2:** „Stelle dich den Lebensaufgaben“ Reife, Stärke, Wohlwollen, Lernbereitschaft, Demut, Humor und Milde, ein lebensfreundliches Wertssystem, Gelassenheit, Authentizität

Abbildung 20: **Unser Lebensstil und Ästhetik**

unserer Umgebung zu schärfen und den Fokus vom Negativen auf das Positive zu richten. Dazu George Bernard Shaw: „Die Schwierigkeit besteht nicht darin, dass es keine schönen Wirklichkeiten gibt, sondern darin, dass so wenige von uns sie erkennen, wenn wir ihnen begegnen.“ Durch das Entfalten unserer ästhetischen Fähigkeiten steigert sich unsere Lebensqualität, wie schon Friedrich Schiller feststellte:

„Im Schönen entwickelt sich die Humanität.“

Sinnfragen

- Welcher Lebensstil ließe mich aufblühen und was hindert mich daran diesen zu praktizieren?
- Was finde ich schön, woran kann ich mich freuen und was kann ich tun, um viele Momente der Freude über das Schöne zu erfahren?
- Was kann ich tun, um die mir anvertrauten Menschen Schönes erfahren zu lassen?

9. Schritt:

Wie komme ich zu Entscheidungen? (Siehe Abbildung 21 auf Seite 139.)

Maja Storch[116] von der Universität Zürich verbindet die Erkenntnisse der Psychologie mit der Gehirnforschung und geht der Frage nach, wie kluge Entscheidungen entstehen können. Die Basis von Entscheidungen sind Bewertungen. Ohne abgeschlossene Bewertung

116 Vgl. Storch, M.: Welcher Entscheidertyp sind Sie? In Harvard Business Manager, April 2006 S. 27 ff.

Charakter
Grundsatz:
„Werde, der du bist"

Grundfähigkeiten
Werte
Arbeitscharakter
Beziehungsharakter
Denk- und Problemlösungsstil
Lebensstil und Ästhetik
Entscheidertyp

Persönlichkeit
Grundsatz 1:
„Forme dich ohne dich zu verformen"
Grundsatz 2:
„Stelle dich den Lebensaufgaben"

Reife, Stärke, Wohlwollen,
Lernbereitschaft,
Demut, Humor und Milde,
ein lebensfreundliches Wertssystem,
Gelassenheit,
Authentizität

Abbildung 21:
Der Entscheidertyp

läuft gar nichts. Dafür hat das Gehirn zwei Systeme zur Auswahl. Zum einen den *Verstand*, zum anderen einen Teil des Gehirns, den man *„emotionales Erfahrungsgedächtnis"* nennt . Beide Bewertungssysteme funktionieren grundverschieden. Der Verstand arbeitet langsam und folgt den Gesetzen der Rationalität. Das emotionale Erfahrungsgedächtnis reagiert vergleichsweise schnell und schickt dem Entscheider diffuse Gefühle. Es schickt eine Bewertung innerhalb von 200 Millisekunden, ohne Zutun des Bewusstseins, in jeder Lebenslage und selbst bei Erschöpfung. Es konserviert Wissen in Form von Gefühlen und Körperempfindungen, beinhaltet eine umfassende Sammlung unserer gesamten Lebenserfahrung und ist daher als Wissensspeicher von unschätzbarer Qualität. Wie arbeitet dieser Mechanismus? Steht eine Entscheidung an, erzeugt das Gehirn Vorstellungsbilder von möglichen Zukunftsszenarien, die wie kurze Filme in unserem inneren Auge ablaufen. All dies geschieht unbewusst. Die Filme werden nun kurz mit dem emotionalen Erfahrungsgedächtnis abgeglichen. Findet sich eine vergleichbare Situation, löst dies automatisch eine damit verbundene Bewertung aus. Diese erfolgt nicht über den Verstand, sondern unbewusst. Die vorgestellten Szenarien rufen Körpersignale hervor. Diese werden *somatische Marker* genannt. Die erfahrene Wissenschaftlerin hat vier Entscheidertypen herausgearbeitet: den Ausgeglichenen, den Selbstausbeuter, den Schnellentscheider und den Zerrissenen. Mit Hilfe dieser Typologie ist es möglich sein eigenes Entscheidungsverhalten zu erkennen, dessen Stärken weiter auszubauen und sich der negativen Auswirkungen bewusst zu werden, bzw. diese bewusst zu korrigieren.

Erkennen, wie Entscheidungen getroffen werden

Der Ausgeglichene setzt bewusst oder unbewusst beide Bewertungssysteme bei seinen Entscheidungen ein. Personen, die zu dieser Gruppe gehören, wissen genau, wie sie Verstand und somatische Marker koordinieren müssen, um das Optimum aus der Toolbox des Gehirns herauszuholen.[117]

Kernsatz

- Wenn die somatischen Marker und der Verstand zu derselben Bewertung eines Sachverhaltes kommen, dann resultiert psychisches Wohlbefinden und die Entscheidung steht auf der optimalen Basis.

De Selbstausbeuter fungiert praktisch als sein eigener Sklavenhalter. Er ist leistungsorientiert, erfolgreich und loyal seinem Arbeitgeber gegenüber. Er arbeitet bis zur Erschöpfung und delegiert ungern. Dieser Typus trifft die meisten Entscheidungen mit dem Verstand, weil ihm nur dieses Bewertungssystem zur Verfügung steht. Seinen somatischen Erfahrungsschatz nimmt er nicht wahr oder unterdrückt ihn, der Informationsfluss vom eigenen Körperempfinden zum Gehirn ist gestört. Daraus ergibt sich folgendes Problem: Er kann nicht zwischen fremden und persönlichen Zielen unterscheiden. Seine große Herausforderung ist es, die innere Wahrnehmung zu schulen.[118]

Der Schnellentscheider entscheidet schnell. Schnellentscheider sind echte Bauchtypen. Sie sind vom Naturell her meist zu temperamentvoll und ungeduldig, um eine Entscheidung ruhig anzugehen. Sie sollten ihre Fähigkeit, somatische Marker wahrzunehmen grundsätzlich beibehalten. Allerdings sollten sie den Einfluss ihres Verstandes verstärken und üben, Entscheidungen in Ruhe zu durchdenken, auch wenn es schwer fällt. Sie müssen lernen ihren Tatendrang oder ihre Empörung aus der mentalen Distanz abzuwägen.

Den eigenen Entscheidertyp erkennen und positiv entfalten

Der Zerrissene zieht wie der Selbstausbeuter im Wesentlichen rationale Kriterien bei seinen Entscheidungen zu Rate. Der Unterschied: Er nimmt seine somatischen Marker wahr, vertraut ihnen aber nicht, sondern unterdrückt sie bewusst. Damit macht er sich selber das Leben schwer und fühlt sich außerdem ständig unwohl in seiner Haut. Er läuft Gefahr sein Leben in einem Dauerzustand von

117 Vgl. Storch, M.: a. a. O.

118 Vgl. Storch, M.: a. a. O.

innerer Spaltung zu verbringen. Er muss lernen seinen Verstand und seine somatischen Marker zu koordinieren.[119]

Kernsatz

- Die Voraussetzung für kluge Entscheidungen ist also das Wissen über psychologische Vorgänge und Expertise im Umgang mit dem persönlichen emotionalen Erfahrungsgedächtnis.[120]

„Kehre bei dir selbst ein, wache bei dir, sprich mit dir, schweige mit dir, zögere nicht, mit dir allein zu sein. Denn bist du nicht bei dir, dann wirst du auch unter Menschen allein sein." **[Francesco Petrarca]**

Einladung zum Nachdenken

„Leistung" ist zur Zeit kein Lieblingswort. Das ist verständlich:
Zu viele Menschen beziehen daraus ihr Wertgefühl und
beurteilen auch andere danach.
Trotzdem wäre es gut, wenn wir das, was das Wort meint,
differenzierter sähen.
Es gibt nämlich auch Leistungen, die Kinder der Lust,
der Freude oder auch der Genialität sind, oder solche,
die ein Mensch verwirklichen muss,
wenn er sich selbst treu bleiben will.
Wer etwas leistet, was ihm entspricht, bereichert immer
auch seine Mitwelt, selbst wenn sie davon nichts erfährt.
Denn alles, worin ein Mensch mit sich eins ist,
heilt an seinem Ort die Welt. **[Uwe Böschemeyer]**

Manager im Visier

„Persönlichkeit ist Unabhängigkeit vom Applaus der Menge."

[Hermann Simon]

Wenn Manger ihren Führungsauftrag auf der Basis ihrer Grundfähigkeiten und Werte verinnerlichen und wissen, welchen Beitrag sie zum Florieren ihres Unternehmens leisten und welchen Nutzen sie für die Menschen stiften können, leben sie ihre Berufung; sie übernehmen die volle Verantwortung für ihr Handeln, erfahren Sinn in dem, was sie tun, können ihr Bestes geben und dabei ihre

119 Vgl. Storch, M.: a. a. O.

120 Vgl. Storch, M.: a. a. O.

Potenziale zur Entfaltung bringen. Damit schaffen sie die besten Voraussetzungen für menschliches und unternehmerisches Wachstum und eine gelingende, förderliche und gesunderhaltende Unternehmenskultur. Verankert in der lebensthematischen Mitte, sind sie authentisch und damit glaubwürdiger. Aus ihrem inneren Antrieb schöpfen sie Widerstandsfähigkeit, Mut, Entscheidungsfreude und Leidenschaft. Wo Motivation und Herzblut vorhanden sind, sind auch Energie und Freude beheimatet. Manager können aus der Quelle ihrer Grundfähigkeiten starke Kernkompetenzen entwickeln, Mitarbeiter mit ähnlichen Kernkompetenzen einstellen, diese weiter fördern und das Unternehmen einzigartig und wirtschaftlich erfolgreich machen. Dazu ein Praxisbeispiel:

Einladung zum Nachdenken

Die Vinzenz Gruppe, ein Verbund von sieben Ordenskrankenhäusern in Wien und Oberösterreich, hat auf den zunehmenden Wettbewerb im Gesundheitswesen reagiert. Ihre Führungskräfte müssen steigende Qualitätsstandards und medizinischen Fortschritt mit engeren öffentlichen Kostenbudgets in Verbindung bringen. Als ihre Kernkompetenz wollen sie zusätzlich die kranken Menschen mit liebevoller Zuwendung begleiten. Diesbezüglich werden die Manager unternehmensweit trainiert. Aus einer Führungskräftebefragung ging hervor, dass die meisten Manager an der eigenen Persönlichkeitsentwicklung arbeiten wollen, um diese Kernkompetenz weiter zu entwickeln.[121]

Manager, die ihre eigenen Werte kennen, kommunizieren und vorleben, genießen eine hohe Reputation. Die klare Kommunikation der Werte dient den Mitarbeitern zur Orientierung und führt zu einer verbesserten Unternehmenskultur und wachsender Produktivität. Werden die Werte klar kommuniziert, eingefordert, gemessen und in Fördergesprächen erörtert, entsteht eine starke corporate identity nach innen und außen. Wenn Manager ein Gespür für die Arbeitscharaktere, Beziehungscharaktere und Denkstile ihrer Mitarbeiter entwickeln und dies auch thematisieren, entsteht eine win-win Situation.

121 Vgl. Kolvenbach, T.: Führung stärken, Wie die Vinzenzgruppe ihre Führungskräfte weiterbildet, in: personalmanager 1/2007 S. 30 ff.

Auch die ästhetisch schöne Gestaltung von Arbeitsplätzen ist ein Beitrag zur Humanisierung der Arbeitswelt.

Kernsatz

◆ Wenn Manager ihre lebensthematische Mitte finden, sind sie gelassen, selbstbewusst, mutig und authentisch; sie schaffen ein Arbeitsumfeld, in dem Menschen sich wohl fühlen, ihr Bestes zu geben bereit sind und in dem ein permanenter Qualitätsprozess gewährleistet ist. Nur wer die große Kunst der Selbstführung beherrscht und sich selbst mit allen Ambivalenzen zu akzeptieren gelernt hat, kann auch Menschen führen. Kann ihnen helfen, ihre Potenziale und ihren Selbstgestaltungsauftrag zu erkennen, Sinnvolles zu bewirken und auf dieser Basis die zu werden, die sie sein können.

„Den Charakter eines Menschen kennen, heißt noch nicht den Menschen kennen." **[Viktor Frankl]**

Sinnfragen

- Was könnte ich aufgrund meiner Fähigkeiten dem Unternehmen und seinen Menschen noch geben?
- Bin ich von innen heraus geleitet und nach außen hin offen?
- Wie kann ich meinen Blick für die Grundfähigkeiten und Werte meiner Mitarbeiter noch mehr schärfen?

Top 2: Mutig unseren eigenen Weg gehen

„Die Natur gibt dem Menschen die Willenskraft, damit er sich selbst fort helfe, wenn sie ihn auf der Hälfte des Weges fallen lässt."

[Friedrich Hebbel]

Kernsatz

◆ Wenn wir unseren Charakter und unser Lebensthema kennen, wissen wir, wohin uns unsere innersten Sehnsüchte lenken, wissen wir, welche Aufgaben uns erfüllen. Wir leben unsere Fähigkeiten aus. Wir sind authentisch. So müssen wir nicht irgendeinen Weg gehen. Nicht in die Fußstapfen anderer treten. Wir gehen unseren einzigartigen Weg, der auf uns wartet, auf dem wir uns entfalten und das Original gestalten, dass wir sein können.

Einladung zum Nachdenken

„Ich habe immer versucht, alles aus mir rauszuholen, ans Limit zu gehen", sagte Jürgen Klinsmann in einem Sterninterview (5/2006) Als Spieler sei er vom Torschießen „absolut besessen" gewesen. Bevor Jürgen Klinsmann Profifußballer wurde, arbeitete er als Geselle in der Bäckerei seiner Eltern in Stuttgart. Sein Vater gab ihm den Rat: „Wenn du etwas in Angriff nimmst, dann mach es hundertprozentig. Und sei von dem, was du tust, überzeugt, zweifle nicht an deinem Weg." Diesen Tipp hat „Klinsi" offenbar erfolgreich verinnerlicht. Obwohl er nicht zu den talentiertesten Spielern gehörte, wurde er Weltmeister (1990), Europameister (1996), war bis 2006 Trainer der deutschen Fußballnationalmannschaft und ist heute Trainer bei Bayern München.[122]

Pro-agieren, statt re-agieren!

Wir gestalten ein stimmiges Leben, wie es uns entspricht und verhalten uns pro-aktiv. Über unser Leben und die Antworten, die wir dem Leben, den Menschen und den Situationen geben, entscheiden wir selbst. Wir reagieren nicht einfach nur fremdbestimmt auf einen Reiz, sondern fühlen uns gefordert, mobilisieren unsere Fantasie und Kreativität und können als gestaltende Kraft in unserem sozialen Umfeld wirken.

Wir entwickeln unsere ganz persönliche Vision und Mission, unsere herausfordernden Ziele und Werte und fragen uns:

- Wofür will ich gelebt haben?
- Welchen Ausdruck, welche Gestalt möchte ich meinem Dasein geben?
- Unter welches Motto möchte ich mein Leben gerne stellen?
- Welchen Beitrag für die Welt, das Unternehmen, die Familie kann ich aufgrund meiner einzigartigen Fähigkeiten leisten?
- Wie kann ich meinen Platz in der Schöpfung finden und dort tun, was auf mich wartet?
- Was habe ich dem Planeten Wertvolles anzubieten?
- Was habe ich anderen Menschen zu geben?
- Welche Ziele leite ich daraus ab?

---

122 Doskoch, P.: Das Geheimnis des Erfolgs: der lange Atem, in: Psychologie heute, Mai 2006, S. 22.

- Sind die Ziele herausfordernd genug, nicht überfordernd, nicht unterfordernd?
- Welche Wertehaltungen will ich als Leitplanken für mein Leben nutzen?
- Wenn ich vollkommen frei, ohne jegliche Einschränkungen wäre, was würde ich dann tun?
- Wenn ich anstelle sturer Prinzipien mehr Flexibilität in meinem Denken und Entscheiden zuließe, was würde ich dann tun?
- Wenn ich keine Angst davor hätte, was andere sagen könnten, was würde ich dann tun?
- Wenn ich keine Angst hätte, das zu tun, was noch keiner getan hat, was würde ich dann tun?
- Wenn ich mich nicht von traditionellen Rollen festhalten ließe, sondern Mut zum Muster brechen und Querdenken entwickeln würde, was könnte ich dann bewegen?
- Wenn ich keine Versagensängste und keine Minderwertigkeitskomplexe hätte, was würde ich dann tun?
- Wovon habe ich schon als Kind immer geträumt und was hindert mich daran diesen Traum zu leben?
- Was wäre wenn ich mehr Mut hätte?

Nicht das Patentrezept kann uns hier weiter helfen; unser wichtigstes Instrument und der Schlüssel zur kreativen Selbstgestaltung ist unser Innerstes, aus dem wir in vollen Zügen schöpfen können.

Kernsatz

◆ **Auf einen Weg kann in unserer Zeit niemand verzichten: Auf den Weg der Stille, auf den Weg nach innen. Dies ist der notwendige Gegenpol zum Stress und seiner Ursache: der Verdinglichung des Lebens und Arbeitens.**[123]

„Spuren der Liebe hinterlassen:" **[Die Vision von Albert Schweitzer]**

Zu allen Zeiten hat es erfolgreiche Menschen gegeben, die Antworten auf diese Fragen gefunden haben. Mutig sind sie ihren ganz persönlichen Weg gegangen. Manche sind zunächst belächelt worden, aber sie haben sich trotzdem nicht von ihrem Weg abbringen lassen. Dazu eine Geschichte aus dem Leben eines Mannes, der sehr früh sein inneres Anliegen erspürte, eine Zeit lang als größenwahnsinnig belächelt wurde, aber an seine Vision glaubte, sich dafür mit

123 Vgl. Böschemeyer, U.: Vom Typ zum Original – Die neun Gesichter der Seele und das eigene Gesicht, 2005, S. 167.

ganzem Herzen engagierte und heute sehr erfolgreich auf ein erfülltes und erfolgreiches Leben zurückblicken kann.

Einladung zum Nachdenken

In seiner Biographie über den weltbekannten italienischen Jazz Pianisten Franco D'Andrea schreibt der Musikwissenschaftler Francesco Carta[124]: „Es gibt Menschen, die schon mit einem vorgegebenen Lebensweg geboren werden, andere sind ihr Leben lang auf der Suche mit dem Risiko, ihren Weg nie zu finden. Nur so ist es möglich, dass mitten in die Alpen, in Meran Südtirol, ein Samenkorn fällt, bestehend aus starken Anteilen schwarz-amerikanischen Geistes, einer Dosis deutscher Rationalität und einem Anteil gesunder italienischer Verrücktheit, um eine einmalige und unvergleichliche Person entstehen zu lassen."

Franco D'Andrea wird 1941 in kleinbürgerlichen Verhältnissen in Meran geboren und kommt in der Schulzeit, mit 13 Jahren, zum ersten Mal mit dem Jazz in Berührung; einer Musik, die ihn derart fasziniert, dass er quasi als Autodidakt zunächst das Spielen der Trompete, später der Klarinette und dann des Saxophons erlernt. Er studiert die Jazz Harmonielehre am Klavier und spielt in verschiednen Amateurjazzgruppen Klarinette, Saxophon und auch Klavier. Das Klavier wird dann schließlich seine Berufung. Während der Studienzeit in Bologna beginnt er, fast ausschließlich im Selbststudium und durch Beobachten zeitgenössischer Jazz-Pianisten, seinem großen Talent die notwendige technische und theoretische Grundlage zu verschaffen; allen gut gemeinten familiären und freundschaftlichen Ratschlägen zum Trotz bricht er seine Universitätsstudien der Medizin, später Biologie und Philosophie ab und wählt den sehr dornenreichen und unsicheren Weg des Berufsmusiker. Unterstützt von seiner verständnisvollen Frau, bringt er sich mit äußerster Disziplin und großer Ernsthaftigkeit in die Welt der Jazz Musik ein, studiert weiterhin mit Akribie, nimmt jede Herausforderung an und überwindet mit klarer Vision unzählige Schwierigkeiten, um sich schließlich in die Weltelite der Jazzmusiker hochzuarbeiten. Mit heute 66 Jahren blickt er auf ein unglaublich kreatives künstlerisches Schaffen mit ca. 140 Platten- bzw. CD-Produktionen, unzähligen Kompositionen, Artikeln in Fachzeitschriften, internationalen Anerkennungen und einer jahrzehntelangen Lehrtätigkeit als Professor an Musik-Konservatorien zurück. Er ist trotz seiner Karriere ein in sich ruhender, sympathischer

124 Carta, F.: Franco D'Andrea Profumo di swing: 2007.

und bescheidener Mensch geblieben, der sich auch nach Jahrzehnten Unterrichtstätigkeit bei Jazz-Seminaren immer noch engagiert, geduldig und stets ermutigend mit dem blutigsten Anfänger zu beschäftigen bereit ist.

Biographien von Menschen, die erfolgreich und erfüllt ihren eigenen Weg gegangen sind, ihr Original entfaltet haben, weisen trotz vollkommen unterschiedlicher Persönlichkeiten eine Menge gemeinsamer Haltungen auf.

Sie:

- hören auf ihre innere Stimme, ihren Auftrag,
- glauben unerschütterlich daran und lassen sich trotz Schwierigkeiten und Hindernissen nicht davon abbringen,
- haben klare Ziele, denen sie hartnäckig folgen,
- haben starke Werte und wissen wofür sie stehen,
- entwickeln eine große Leidenschaft für das, was sie tun,
- stellen sich den Aufgaben, der Situation und dem Leben,
- geben ihr Bestes und bleiben nicht stehen,
- entwickeln Stehvermögen und trotzen allen Hindernissen,
- suchen immer wieder nach neuen Möglichkeiten,
- stehen zu ihren Entscheidungen und lernen aus Fehlern,
- bauen Kontakte und gute Beziehungen auf,
- sind in der Lage sich auch über kleine Dinge und Erfolge zu freuen,
- entwickeln eine starke Selbstdisziplin und Hartnäckigkeit,
- stellen hohe Anforderungen an sich selbst und arbeiten hart an sich,
- wertschätzen jede Art von Arbeit und sind sich für nichts zu schade,
- wachsen in ihrem Selbstwert und sind deshalb in der Lage, trotz ihrer Erfolge bescheiden und demütig zu bleiben,
- wissen auch um die Schattenseiten ihres Mensch Seins und entwickeln auf dieser Basis Mitgefühl und Verständnis für andere Menschen und deren Schwächen,
- fokussieren trotz allem das Positive und bestärken andere Menschen, lassen sie an ihrer Seite in ihrem Selbstwert wachsen,
- glauben trotz allem an das Gute und sind bemüht es zu fördern.

Wir alle haben die Wahl, Inhalte aus diesem Set zu unseren Inhalten zu machen. Ein Tipp von Andreas Mertens kann dabei helfen: „Wenn es Mut erfordert, veränderst du dich."

Halten wir also fest:

Kernsatz

- Wir Menschen sind nicht, sondern wir werden; auf der Basis unserer Entscheidungen, der Wahl, die wir treffen, dessen, was wir trotz unserer charakterlichen Bedingtheiten aus uns formen: auf der Basis der Wege, die wir gehen und der Spuren, die wir dort hinterlassen. So oder so.

Einladung zum Nachdenken

Welche Melodie bist du?

„Es gibt Menschen, die die erstaunliche Gabe besitzen mit dem Klingen ihres Lebens andere zu heilen und sanft zu beruhigen, und es gibt Menschen, die die nicht weniger erstaunliche Gabe besitzen, allein schon durch die taktlose Tatsache ihrer Existenz andere zu reizen.
Es gibt Menschen, die Requiems sind, andere sind eine Hymne an sich selbst, wieder andere sind Foxtrotts oder Scherzliedchen. Manche auch gleichen bis zur Lächerlichkeit einem seltsamen Potpourri aus leichter und ernster Musik. **[Jewgeni Jewtuschenko]**

„Jeder hat im Leben seine eigene spezifische Mission oder Berufung … Weder ist er in dieser zu ersetzen, noch lässt sich sein Leben wiederholen. Daher ist die Aufgabe eines jeden so einzigartig, wie seine spezifische Möglichkeit sie zu erfüllen." **[Viktor Frankl]**

Einladung zum Nachdenken

Wer den eigenen Weg geht, geht nicht die Wege der anderen,
folgt nicht fremden Wünschen und Vorstellungen,
hört auf die eigene Stimme,
wird in seinem eigenen Entscheiden klar,
wagt zu sagen, was er denkt,
wagt zu tun, was er sagt,
weicht nicht aus, entwickelt Stehvermögen,
steht zu sich selbst,
ist sich selber ein Freund,

fängt an sich und andere zu lieben,
schiebt das Dunkle nicht von sich auf andere,
wird sich selbst treu, vertraut sich selbst und den anderen,
sagt „Ja" zum Leben
lebt mitten im Leben, schöpft das Leben aus,
sagt „Ja" zum Tod,
geht seinen Weg zu seinem Ziel.
[Uwe Böschemeyer]

Manager im Visier

„Das, worauf es im Leben eines Menschen ankommt, ist ehrenhafte Gesinnung. Hat er sie nicht, kann er von Glück sagen, wenn er durchkommt. **[Konfuzius]**

Die Anforderungsprofile von Managern in Stellenanzeigen verlangen immer mehr Persönlichkeitsmerkmale. Manager, die auf der Basis ihrer lebensthematischen Mitte authentisch sind, in sich selbst ruhen und ihren ganz eigenen Weg gehen, haben gute Aussichten diesen Anforderungen zu entsprechen. „Forscher schreiben Menschen mit oder ohne Selbstkongruenz unterschiedliche Eigenschaften zu. Auf eine Person ohne Selbstkontakt treffen folgende Persönlichkeitsmerkmale: unausgeglichen, entscheidungsschwach, rigide, kompliziert, unzufrieden, unsicher, misstrauisch, anhängig und innerlich leer. Reife, authentische Persönlichkeiten hingegen kennzeichnen sich durch folgende Merkmale: ungekünstelt, entschlussfreudig, flexibel, in sich ruhend, glaubwürdig, kreativ, spontan, selbstsicher und durchsetzungsfähig.[125] Exakt das sind die Anforderungen, die an gute Manager gestellt werden. Sozial- und Motivationspsychologen entwickeln gestützt auf Erkenntnisse von Hirnforschern, die Theorie von der Selbstkongruenz. Einer ihrer Befunde bestätigt:

Kernsatz

- Ein Mensch mit Selbstkontakt hebe sich in seinem seelischen Wohlbefinden positiv von einem Individuum ab, dem diese Fähigkeit fehle.[126] Für Manager ist dieser Selbstkontakt vor allem auch vor dem Hintergrund der Fragestellung: „Bin ich auf dem richtigen Platz, ist das mein Thema, mein Weg, ganz besonders

125 O.V. Modernes Leben: Das bin ich 100 prozentig ICH, in Focus, Nr. 27, 30. 6. 2008, S. 91 ff.

126 Ebenda, S. 93.

bedeutsam, um nicht verlockenden, äußeren Scheinmotiven, wie „nur" Karriere, Einkommen und Status zum Opfer zu fallen.

Auf Kongressen und Seminaren sind uns viele erfolgreiche Manager begegnet; einige schon ganz oben auf der Karriereleiter. Die offenbaren sich manchmal so: „Ich fühle mich trotz all des Erfolges und des Geldes in meiner Haut nicht wohl, weil ich viel zu viele Dinge tun muss, zu denen ich nicht wirklich stehen kann, für die ich eigentlich nicht gelebt haben will". Was sollen sie in dieser Situation tun? Diese Antwort kann ihnen niemand geben. Wir laden sie dann immer ein, über ihre Werte nachzudenken; die Werte, die ihnen wirklich am Herzen liegen zu erfassen und eine Prioritätenliste zu erstellen. Dann folgt die Frage: welcher Wert ist für Sie der wichtigste, welchen möchten Sie unbedingt realisieren. Welche anderen Werte müssen Sie dann hinten anstellen, oder gar fallen lassen? Als Konsequenz kündigt mancher dann seinen Job und lässt uns später wissen, die richtige Entscheidung getroffen zu haben; selbst wenn der neue Job Abstriche oder Opfer bedeutete.

Der Spiegeltest kann helfen!

Eine gute Hilfestellung für jede Art von Entscheidung kann der sogenannte „Spiegeltest" sein. Dazu berichtete Peter Drucker:[127]

Einladung zum Nachdenken

Zu Anfang des Jahrhunderts genoss der deutsche Botschafter in London unter allen Vertretern der Großmächte die höchste Anerkennung. Erkennbar war er zu größeren Aufgaben bestimmt – etwa zum Außenminister, oder gar Reichskanzler. Doch 1906 trat er völlig überraschend von seinem Posten zurück. Warum? Er sollte einem Festessen des diplomatischen Korps für Edward VII. vorsitzen, zu dem der König, ein berüchtigter Frauenheld, unmissverständlich hatte wissen lassen, welche Art von Dinner er wünsche. Der Botschafter soll gesagt haben: „Ich weigere mich morgens beim Rasieren einen Zuhälter im Spiegel zu sehen." Das ist der Spiegeltest.

Auch Managern empfehlen wir, sich mit den in diesem Kapitel erörterten Fragen immer wieder auseinander zu setzen. Mut zu haben, nicht das zu tun, was alle tun, was „man" tut. Dies kann auch aus der weit verbreiteten Ähnlichkeit von Produkten, Konzepten

127 Drucker, P.: Die Kunst sich selbst zu managen, in Harvard Business Manager, 1/2007.

und Ideen, die sich nur über den Preiswettkampf differenzieren, befreien. Auf dem Weg zur Einzigartigkeit kann der Imperativ von Nicolai Hartmann[128] Managern in ihren Entscheidungen und Handlungen helfen:

Kernsatz

- „Handle niemals bloß schematisch nach allgemeinen, sondern immer zugleich nach den individuellen Werten, unter denen dein persönliches Wesen steht." Das heißt, der Manger muss immer zugleich wollen, dass über die Allgemeingültigkeit hinaus noch etwas Eigenes in seinem Verhalten sei, was an seiner Stelle kein anderer tun und sollen dürfte. Dies bewahrt ihn davor, eine bloße Nummer in der Menge und ersetzbar zu sein.

Die weit verbreitete Überzeugung, Manager hätten nur eine Funktion in der sie ersetzbar sind, kann eine einzigartige Persönlichkeit widerlegen. Menschen wirken immer und überall, sowohl in ihrer Funktion, als auch durch ihre Person. Wollen sich Manager von dieser Austauschbarkeit befreien, müssen sie ihre einzigartige Persönlichkeit entfalten und Mut zu einem einzigartigen Führungsstil entwickeln.

In seiner Personalität unaustauschbar werden!

„Kommen muss eine Vergeistigung der Massen. Die vielen Einzelnen müssen denkend werden über ihr Leben, über das, was sie im Kampfe des Daseins für ihr Leben erringen wollen, über das, was ihnen die Umstände erschwert und über das, was sie sich selbst versagen."

[Albert Schweizer]

Top 3: Sinnvolles bewirken

„Das Geheimnis des Glücks, nach dem jede Seele strebt, beruht auf der Erkenntnis unserer selbst." **[Hazrat Inavat Khan]**

Die Sehnsucht nach Glück zählt zu den tiefsten menschlichen Verlangen. Aber Glück ist nicht gleich Glück. Glück zu haben ist etwas anderes als glücklich zu sein. Glück zu haben im Sinne von „ich habe Glück gehabt" betrifft die Außenarchitektur des Lebens, die Umstände. Glücklich sein betrifft die Innenarchitektur des Lebens: die Seele.[129] Dieses Glück ist Freude, ist jenes belebende Gefühl, das

128 Kurz, W.: Theologie als Lebenskunst – Der Zusammenhang von Glaube und Lebensführung, in: Die Kunst sinnvoll zu leben, (Hrsg.) Kurz, W., Tübingen 2008, S. 223.

129 Vgl. Kurz, W.: Glück und Lebenskunst – philosophische und psychologische Anmerkungen zum Thema „Glück, in Die Kunst sinnvoll zu leben, (Hrsg.) W. Kurz, Tübingen, 2008 S. 191 ff.

uns leistungsfähig, liebesfähig aber auch leidensfähig macht und uns gesund erhält.[130]

Kernsatz

◆ Für unser inneres Glückserleben sind wir selber zuständig. Dazu brauchen wir Sinn und das Gefühl Sinnvolles zu bewirken. Auf dieser Basis erfahren wir uns selbst als Wert, als wichtig, als bedeutungsvoll.

Das Glück stellt sich laut Frankl dann ein, wenn wir am allerwenigsten daran denken oder gar danach streben, sondern uns für etwas oder für jemanden voll engagieren; uns Aufgaben und Menschen voll hingeben. Sinn finden wir und Sinnvolles bewirken wir, in dem wir unsere Haltung des Forderns und des Erwartens aufgeben und begreifen in einer Welt zu sein, die auf uns wartet, von uns etwas erwartet, auf unser dabei Sein hofft.[131] Sinn finden wir und Sinnvolles bewirken wir, indem wir uns selbst erkennen und uns den Lebensaufgaben stellen. Das Wissen um Lebensaufgaben, die auf uns warten, hat einen bedeutenden psychohygienischen Charakter. Das Begreifen der Lebensaufgaben und des Sinns schützt uns vor der reinen Zweckorientierung, die auf Dauer zu Entfremdung und Leere führt. Frankl zitiert Hillel, der vor über zweitausend Jahren sehr treffend beschrieb, was Sinn bedeutet:

- Wenn ich es nicht tue, wer dann?
- Wenn ich es jetzt nicht tue, wann dann?
- Und wenn ich es nur für mich tue, wer bin ich dann?

Sinn erfahren wir durch die Verwirklichung von Werten, durch das Engagement für Wertvolles

Sinn erfahren wir, indem wir Werte verwirklichen; Werte, die uns berühren, für die wir bereit sind durchzuhalten und Opfer zu bringen. Sinnvolles bewirken wir, wenn wir uns am Sinnkompass (siehe Seite 68) orientieren und Positives für alle Prozessbeteiligten realisieren. So haben wir das Gefühl, für etwas gut zu sein und in unserem Leben Gutes zu verwirklichen. Frankl hat uns drei Hauptstraßen zum Sinn aufgezeigt: den Weg über die
- schöpferischen oder kreativen Werte,
- die Erlebniswerte und
- die Einstellungswerte.

---

130 Vgl. Längle, A.: Kongressbroschüre, Herbst 2008
131 Vgl. Längle, A.: (1986) a.a.O.: S. 32.

Die schöpferischen oder kreativen Werte: Diese Werte realisieren wir dort, wo wir kreativ schaffend in die Welt hineinwirken: das Schaffen eines Werkes oder das Setzen einer Tat. Völlig unabhängig davon, ob wir etwas „Spektakuläres" tun. Entscheidend ist, dass wir es im Rahmen unserer Möglichkeiten und Fähigkeiten mit Verbindlichkeit, Ernsthaftigkeit und Hingabe tun. Schöpferische Werte äußern sich nicht nur im Schaffen von Neuem, sondern reichen über das rein Materielle hinaus: so können z.B. der Einsatz für einen Menschen, für eine Idee sehr sinnvoll sein. Auch im Engagement für etwas oder für jemanden erfüllen wir einen Dienst an einem Gut – und werden auch selbst erfüllt von diesem Gut.[132]

Sinnfragen

- Ist mir bewusst, welche kreativen Werte ich im Tagesablauf schaffe?
- Welche kreativen Werte könnte ich im Rahmen meiner Arbeitswelt und meiner Freizeit noch realisieren?
- Was könnte ich tun, damit die Menschen in meinem Unfeld noch mehr kreative Werte schaffen können?

Die Erlebniswerte: Hier erfahren wir Sinn in dem wir „Wertvolles" erleben. Wir bleiben selbst passiv, erleben aber Natur, ein Theaterstück, eine Kunstwerk, Musik und Ruhe. Zu den tiefsten Erlebniswerten gehört schließlich die Begegnung mit anderen Menschen. Sie kann im Gespräch stattfinden, in der Arbeit, in einer Feier, beim Tanz und besonders in der Liebe zu einem Du."[133]

Sinnfragen

- Sind meine Augen offen genug, um all das Schöne um mich herum wahrzunehmen und zu erleben?
- Bin ich achtsam genug, um all die kleinen positiven Gesten, die Menschen mir immer wieder zukommen lassen, wahrzunehmen und mich darüber zu freuen?
- Was könnte ich noch tun, damit andere Menschen mich als Wert erleben?

Die Einstellungswerte: Die Einstellungswerte realisieren sich in der Haltung zu den Einschränkungen im Leben: was tun wir, wenn wir die Situation nicht ändern können oder nicht bekommen, was wir wollen; wenn andere Menschen nicht tun, was wir möchten, wir

132 Vgl. Längle, A.: (1989), a.a.O., S. 41 ff.
133 Vgl. Längle, A.: (1989), S. 40 ff.

nicht erreichen, was wir anstreben und Erwartungen unerfüllt bleiben? In diesen Situationen kann unsere Haltung Frustration auslösen und krank machen, oder trotzdem eine freudige, gelassene und lebensbejahende Stimmung gewährleisten; negative stressende Gefühle können so schon im Vorfeld vermieden werden.

Sinnfragen

- Sind meine Erwartungen an das Leben, die Arbeit und andere Menschen realistisch?
- Was wäre, wenn ich den höchsten Anspruch an mich selbst und weniger an andere Menschen stellen würde?
- Ist mir bewusst, dass nur das sinnvoll ist, was im Rahmen des Möglichen liegt?

Nicht auf die leeren Stoppelfelder, sondern erfüllt auf die vollen Scheunen schauen

Werte und Wertvolles für uns und andere zu realisieren bedeutet Sinn zu erfahren; dann wird auch die „Sinnbilanz" am Ende unseres Lebens positiv. Frankl formuliert das metaphorisch so: jeder realisierte Wert, jede sinnvolle Tat kommt einem Heufuder gleich, das wir in unsere Scheunen einfahren. So müssen wir am Ende unseres Lebens nicht nur auf leere Stoppelfelder blicken, sondern wir können erfüllt auf unsere vollen Scheunen schauen. Es ist exakt diese Art von Glück, wonach wir uns alle sehnen; das Gefühl zu haben, dass unser Leben trotz allem ein gutes und wertvolles war. Ein Leben, für das es sich gelohnt hat zu leben zu lieben aber auch zu leiden.

Die folgende Anleitung kann helfen die Sinnanrufe, die das Leben an uns stellt besser zu erkennen, zu bewerten um gezielt sinnvolle Entscheidungen zu treffen:

Anleitung zur Sinnsuche[134]

Ausgangsfrage:
- Worum geht es hier?
- Wofür ist diese Stunde da?
- Was ist jetzt notwendig?
- Was wird von mir gebraucht?

- Was kann ich konkret tun?
  Erlebniswerte? Gibt es Schönes, das in dieser Stunde einmalig ist?
  Schöpferische Werte? Kann ich etwas Wertvolles tun oder bewirken? (Taten, Werke, Arbeit?)

134 Längle, A.: Anleitung zur Sinnsuche (Überblicksfragen) Vortragsunterlage, Sommer 1989.

	Einstellungswerte: Bei unabänderlichen Situationen
Wertfrage:	• Ist das Erkannte und Gefühlte wichtig? • Was wäre, wenn ich es nicht täte? • Würde etwas geschehen, das nicht gut wäre?
Freiheitsfrage:	• Muss ich es tun? • Könnte ich mir vorstellen, es nicht zu tun? Wenn nicht, wer, was zwingt mich? • Kann ich sagen, ich will es freiwillig?
Verantwortungsfrage:	• Wofür, für wen mache ich das eigentlich? • Soll ich es unter diesen Umständen machen? • Ist es mit mir stimmig, wenn ich es tue? Oder ist es stimmiger, wenn ich es lasse?

Der moderne Mensch tendiert zu der Überzeugung, bei der Fülle der auf uns wartenden Aufgaben, alles gleichzeitig machen zu wollen. Wenn zu viele Aufgaben und Werte uns gleichzeitig bestürmen und bedrängen, müssen Prioritäten gesetzt werden; sonst entsteht Stress. Wir können dem Leben nicht mehr Zeit abgewinnen, aber können dem Leben mehr Tiefe geben. Dies tun wir, indem wir die anstehenden Aufgaben und Werte erkennen, vor dem Hintergrund der jeweils einzigartigen Situation bewerten und schließlich mit der Realisierung jener Aufgabe beginnen, die wir in dieser Situation als die wichtigste erachten.

Kernsatz

◆ Sinn ist immer der wichtigste Wert vor dem Hintergrund der Möglichkeiten, der Realität, so Frankl.

Sinnorientierung bewährt sich als ausgezeichnetes Instrument für ein gelingendes Zeitmanagement und für ein geglücktes Erleben des jeweiligen Augenblickes. Wir realisieren den Wert, dem wir vor dem Hintergrund einer konkreten Situation die Priorität einräumen. So können wir unser Handeln mit einem kraftvollen „Ja“ unterlegen. Wir wissen auch um die Opportunitätskosten, die durch das Nichtrealisieren anderer Werte entstehen. So können wir mit ruhigem Gewissen zu nicht erfüllten Werten und Aufgaben stehen und hetzen nicht als Opfer von einer Aufgabe zur anderen; wir konzentrieren uns voll auf die von uns gewählte Aufgabe, bündeln unsere Kräfte und Energien, vermeiden Aufmerksamkeitsstörungen und Konzentrationsmangel und erleben den Augenblick als sinnvoll. Wo Sinn ist, ist Herzblut ist Leidenschaft aber auch Leidensfähigkeit.

Kernsatz

- „Der Sinn wird zum Motor unseres Selbst und zum Qualitätskriterium"[135] unserer Selbstgestaltung und Lebenskunst.

„Leben und Leistung sollten bei jedem Menschen zu einer Einheit verschmelzen. In der Selbstentwicklung eines jeden liegt sein Lebensplan. In der täglichen Lebensbewältigung die Ausführung des Plans. Ersteres mag man als Kultur bezeichnen, letzteres als Arbeit. Beides sollte zusammenfließen." **[Antoine de Saint-Exupéry]**

Einladung zum Nachdenken

Es gibt die wunderbaren Menschen, denen wie durch einen geheimen Bann die Herzen zufliegen – oder richtiger vielleicht sagt es das andere Bild: in deren Nähe alle Herzen weit werden. Niemand geht unbeschenkt von ihnen und doch kann keiner sagen, was er empfangen hat. Man fühlt nur, dass sich in solchen Menschen der Sinn des Lebens irgendwie greifbar erfüllt, nach dem man sonst vielleicht vergeblich sucht. Und man fühlt, wie sich in der bloßen Teilnahme an ihnen etwas von diesem Sinn auf die eigene Person überträgt. Ein Strom von Licht, Glanz, Segen geht auf das eigene Leben über. Aber man fühlt das Mysterium nur, man durchschaut es nicht. **[Nicolai Hartmann]**

Manager im Visier

„Den Sinn erhält das Leben einzig durch die Liebe. Das heißt: Je mehr wir zu lieben und uns hinzugeben fähig sind, desto sinnvoller wird unser Leben." **[Hermann Hesse]**

Das Nachdenken über dieses wunderbare Zitat von Hesse kann Managern helfen, für ein bisschen mehr Humanität und Dienstleistungskultur in der oft kalten und lieblosen Welt der Arbeit zu sorgen. Manager, als Selbstgestalter, begreifen, dass wirkliches Führen Dienen ist und arbeiten zunächst an sich, bevor sie Menschen

135 Vgl. Lukas, E.: a.a.O. 2008. S. 15.

und Dinge in Bewegung setzen. Auf der Basis sinnvollen Dienens können sie zum Sinnstifter für sich selbst und ihre Mitarbeiter werden, die große Sehnsucht nach Sinnerfüllung in der Arbeit erfüllen helfen und sich der im Management weit verbreiteten einseitigen Zweckorientierung widersetzen. Reine Zweckorientierung entleert; Sinnorientierung garantiert Energie, motiviert und erfüllt.

Kernsatz

◆ Sinnvoll Dienen bedeutet zu wissen, wozu man als Manger für das Unternehmen, seine Menschen und die Gesellschaft gut ist. Im Realisieren dieses ‚Wozu' wird Sinn gefunden und Wertvolles für alle Stakeholder bewirkt.

Sinnvolles Dienen erfordert eine permanente Auseinandersetzung mit folgenden Fragestellungen:

Sinnfragen

- Wie kann ich mich auf die vielfältigsten Aufgaben im Rahmen meines Führungsauftrages am besten einlassen?
- Was würde meinen Mitarbeitern, den Kunden und den übrigen Stakeholdern fehlen, wenn es mich nicht gäbe?
- Kommuniziere ich allen meinen Mitarbeitern, welchen Beitrag sie durch ihre Arbeit zum Unternehmensganzen leisten, wissen sie wozu sie gut sind?
- Schaffe ich genügend Möglichkeiten, damit ich selbst und meine Mitarbeiter im Tun Sinn erfahren?
- Welche materiellen und immateriellen Werte will ich realisieren?
- Orientiere ich mich am jeweils wichtigsten Wert in jeder Situation, um die Augenblicke zu genießen?
- Gebe ich meinen Mitarbeitern Richtung durch eine sinnorientierte Vision und kommunizierte und vorgelebte Werte?
- Sind die Ziele herausfordernd genug, um meine Mitarbeiter zu fordern und zu fördern?
- Arbeite ich an einer dialogischen Vertrauenskultur?
- Lebe ich eine förderliche, Selbstwert stärkende Haltung vor?
- Gebe ich meinen Mitarbeitern Rückmeldungen und damit Sicherheit und die Möglichkeit zur permanenten Verbesserung?
- Wertschätze ich meine Mitarbeiter für das, was sie sind und leisten?
- Wie kann ich das Selbstwertgefühl meiner Mitarbeiter und der übrigen Stakeholder verbessern?
- Biete ich ausreichend sinnvolle Rahmenbedingungen als Basis für ein hohes Maß an Eigenmotivation?
- Warum sollen die Kunden gerade zu uns kommen?

- Wie könnten wir unsere Produkte/Dienstleistungen für die Kunden noch attraktiver machen, mit Werten kombinieren?
- Wie kann ich meine Mitarbeiter und andere Menschen in ihren positiven Eigenschaften bestärken und sie menschlich erfolgreicher machen?
- Was tue ich, damit sich meine Mitarbeiter in ihren Potenzialen entfalten und dem Unternehmen ihr Bestes geben können?
- Denke ich auch an mein Wohlergehen und was tue ich dafür?

Der dienende Leader als Wegweiser!

Mit der Beantwortung dieser Fragen können sich Manager an ihren Auftrag als „dienende Leader" in ihren vielfältigsten Funktionen und Rollen herantasten. Sinnvoll Dienen ist ein Prozess und bedarf der permanenten Auseinandersetzung mit obigen Fragestellungen, wohl wissend, dass auch dienende Leader Menschen sind und Menschen bleiben dürfen. Menschen mit Fehlern, Schwächen und Schwankungen: aber in dem ständigem Bemühen, aus Fehlern zu lernen und jeden Tag ein bisschen besser zu werden. Wenn Manager sich für Werte engagieren und in jeder Situation den für sie wichtigsten Wert realisieren, fühlen sie sich rundum wohl und leben in Balance.

> *„Unternehmen, die am längsten überleben, sind diejenigen, die herausfinden, was nur sie der Welt geben können. Nicht nur Wachstum oder Geld sondern ihre Vortrefflichkeit ihren Respekt anderen gegenüber, oder ihre Fähigkeit, Menschen glücklich zu machen."*
>
> **[Charles Handy]**

Einladung zum Nachdenken

Das Leben besteht aus Augenblicken

Wenn ich mein Leben noch einmal leben könnte,
im nächsten Leben würde ich versuchen mehr Fehler zu machen.
Ich würde nicht so perfekt sein wollen, ich würde mich mehr entspannen.
Ich wäre ein bisschen verrückter, als ich es gewesen bin.
Ich würde viel weniger Dinge so ernst nehmen.
Ich würde nicht so gesund leben, ich würde mehr riskieren,
ich würde mehr reisen, Sonnenuntergänge betrachten, mehr bergsteigen,
mehr in Flüssen schwimmen.

Ich war einer dieser klugen Menschen,
die jede Minute ihres Lebens fruchtbar verbrachten,
freilich hatte ich auch Momente der Freude,
aber wenn ich noch einmal anfangen könnte,
würde ich versuchen, nur mehr gute Augenblicke zu haben.
Falls du es noch nicht weißt, aus diesen besteht nämlich das Leben:
Nur aus Augenblicken, vergiss nicht den jetzigen.

[Jorge Luis Borges[136]]

Top 4: Die volle Verantwortung für unsere Haltungen und Gefühle übernehmen

„Der Freiheit anderer Name heißt Verantwortung." **[Thomas Mann]**

Wir Menschen unterliegen immer wiederkehrenden Gefühlsschwankungen. Polaritäten wie lebensbejahende, positive Gefühle einerseits und lebensverneinende, negative Gefühle andererseits sind tief in uns verankert. Ängste, Aggressivität, Wut, Minderwertigkeit, Rache, Neid, Vorurteile, fest eingefahrene Ideen, Sturheit, Prinzipienreiterei, Überheblichkeit, Schuld und Schwäche sind Realitäten unseres Gefühlslebens. Neben sinnvollen finden sich sinnwidrige Haltungen: Gier, Ichsucht, und Respektlosigkeit. Schon Goethe erkannte: „Zwei Seelen schlagen *ach* in meiner Brust." Das „Ach" steht für das Negative, die Schattenseite in uns. Sie zu verleugnen wäre fatal und hätte folgenschwere Konsequenzen: Selbstherrlichkeit, Selbstgerechtigkeit, Persönlichkeitsstörungen, Neurosen, Narzissmus, Selbstablehnung, negative Projektion auf andere und Sinnleere.

Kernsatz

- Unsere Gefühle sind nicht nur harmlose Stimmungen. Unsere Haltungen nicht nur belanglose, beliebige Einstellungen. Sie sind die Kräfte, die unser Lebensglück, unseren Erfolg und unsere Gesundheit bestimmen. Indem wir uns selbst formen, nehmen wir das Spannungsfeld dieser bipolaren Kräfte in uns an und versuchen verantwortungsvoll damit umzugehen[137], um uns so gut wie möglich in eine positive Richtung zu entwickeln.

136 Jorge Luis Borges, abgedruckt in: Psychologie heute, Heft 7, 2008, S. 22.
137 Vgl. Böschemeier, U.: (2005) S. 46 ff.

Negative Haltungen und Gefühle zeigen sich immer wieder und wir dürfen und sollen sie nicht ignorieren. Unsere Gefühle immer vollkommen unter Kontrolle zu haben, uns keine Ausbrüche leisten zu dürfen, keine Vorurteile zu haben und immer perfekt zu sein zu wollen, bleibt eine unrealistische Illusion. Wir sind Menschen und keine Götter. Den Wettlauf mit den Göttern werden wir immer verlieren. Wir werden trotz guter Vorsätze und Selbstgestaltung immer wieder Fehler machen und vor dem Hintergrund der genetischen und sozialen Handicaps auch mal „ausrutschen". Geben wir also den Anspruch auf Perfektion auf und versuchen uns permanent zu verbessern indem wir:

Wir müssen nicht immer perfekt sein, weil wir es gar nicht können!

- Die volle Urheberschaft für Haltungen und Gefühle übernehmen.
- Immer wieder darüber nachdenken, ob unsere Haltungen und Gefühle für uns selber und andere Menschen sinnvoll und gesunderhaltend sind.
- Negativen Haltungen und Gefühlen bewusst begegnen, sich ihnen nicht unterwerfen und ihnen keinen Raum geben.
- Negative Haltungen und Gefühle im positiven Sinn be- und verarbeiten; daran wachsen wir!

Zwar gelingt das nicht immer, aber hoffentlich immer öfter.

Sinnfragen

- ▶ Welche Haltung habe ich zu mir selbst und anderen Menschen, orientiere ich mich am sinnzentrierten, würdigen Menschenbild?
- ▶ Wie reagiere ich auf Situationen und Erfahrungen, die mir nicht gefallen?
- ▶ Mache ich andere und anderes für meine Gefühle verantwortlich?

Einladung zum Nachdenken

Von sich auf andere schieben und zurück

Ein Junge will surfen. Ein wunderschönes Brett steht im dazu zur Verfügung. Doch die Tücken des Objekts hindern ihn, in den Genuss des Wellenreitens zu gelangen. Er ist Anfänger.

Er schimpft, tobt, hämmert auf das Holz ein, stößt es von sich. Menschen schauen ihm aus einiger Entfernung zu, auch sein junger Lehrer. Nachdenklich betrachtet er die Anwandlungen seines Schülers. Erst

nach einiger Zeit geht er auf den Tobenden zu. Der schreit ihm entgegen: „Dieses blöde Ding!" Der Lehrer sagt im ruhigen Ton: „Nicht das Ding ist blöd, du bist es. Das Ding kann gleiten, du kannst es nicht." Und nach einer Pause: „Du hast so viel Kraft! Wenn du diese Kraft nicht in deine Wut, wenn du sie in deine Arbeit stecktest, du würdest bald über die Wellen gleiten, wie ein junger Gott."
Der Junge schweigt, setzt sich aufs Surfbrett, denkt nach, nimmt nach einiger Zeit sein „Ding" und gleitet über die Wellen, zwar noch nicht göttlich, jedoch als Anfänger erfolgreich. Und auf seinem Gesicht schält sich ein Grinsen aus der Scham heraus. **[Uwe Böschemeyer]**

Unser Erleben und Verhalten ist davon abhängig, wie wir eine Situation beurteilen. Es gibt Situationen, die wir durch unser Eingreifen verändern können, anderen sind wir ausgeliefert. Hier kann uns ein Leitspruch von Marc Aurel weiterhelfen: „Ich wünsche mir erstens die Kraft zu verändern, was in meiner Macht steht. Ich wünsche mir zweitens die Gelassenheit anzunehmen, was nicht veränderbar ist und ich wünsche mir drittens die Weisheit zwischen eins und zwei zu unterscheiden. Für unveränderbare Situationen empfiehlt Corssen[138]:

„Was ist, ist, und wie ich es beurteile, ist mein ganz persönlicher Beitrag zum Leben und das bestimmt mein Erleben und mein Handeln."

Wir selbst und nicht die Umstände sind es, die positive oder negative Haltungen und Gefühle erzeugen und deren Folgen wir verantworten müssen.

Einladung zum Nachdenken

„Je länger ich lebe, desto mehr wird mir klar, wie wichtig Einstellungen im Leben sind.
Einstellungen sind für mich wichtiger als Fakten.
Sie sind wichtiger als die Vergangenheit, als die Erziehung, als Geld, als die Umstände, in denen ich lebe, als Misserfolg, als Erfolg, als das, was andere Leute sagen oder tun.
Sie sind wichtiger als unsere Erscheinung, unsere Begabung oder unsere Geschicklichkeit.

138 Corssen, J.: Der Selbstentwickler, 2003, S. 51 ff.

Sie können ein Unternehmen, eine Kirche oder ein Zuhause erschaffen oder zu Fall bringen.
Das Bemerkenswerte daran ist, wir haben jeden Tag die Wahl hinsichtlich der Einstellung, mit der wir den Tag einkleiden wollen.
Wir können nicht unsere Vergangenheit ändern. Wir können nicht die Tatsache ändern, dass Menschen in einer bestimmten Weise handeln. Wir können nicht das Unausweichliche ändern.
Das was wir tun können, ist auf der einen Saite zu spielen, die wir haben und das sind unsere Einstellungen. Ich bin überzeugt, dass das Leben zu 10% aus dem besteht, was sich für mich ereignet und zu 90% aus dem wie ich darauf reagiere. Und dies gilt auch für dich!"

[Charles Swindoll[139]]

Lebensförderliche Haltungen und Gefühle erzeugen wir in einem ersten Schritt schon durch Nachdenken über das folgende Zitat:

> *„Was andere sagen oder tun, mag ein Auslöser für unsere Gefühle sein, ist aber nie ihre Ursache!"*[140]

Was auf uns zukommt, können wir uns nicht aussuchen; die Reaktion jedoch bestimmen wir: positiv oder negativ, förderlich für die ganzheitliche Gesundheit oder nicht.

Positive Gefühle entwickeln bedeutet aber keineswegs die Schattenseiten unseres Daseins zu verkennen oder zu verdrängen. „Der Begriff des Positiven leitet sich vom lateinischen „positum" ab, das bedeutet das „Tatsächliche", das „Vorgegebene". Tatsächlich und vorgegeben sind nicht nur Störungen, Krankheiten, Konflikte und Vorurteile, sondern auch die Fähigkeiten, die Möglichkeiten der Konfliktverarbeitung und die Chance, sich gegenseitig kennen zu lernen und zusammen statt gegeneinander zu arbeiten."[141]

Es ist wichtig Leben, Arbeiten und menschliches Miteinander nicht nur unter dem Aspekt des Scheiterns, sondern wieder unter dem Aspekt des Positiven, des Gelingens zu sehen und danach zu handeln.

---

139 Quelle: Martens, J.U./Kuhl, J.: Die Kunst der Selbstmotivierung – Neue Erkenntnisse der Motivationsforschung praktisch nutzen, 2. Auflage 2005 S. 103.

140 Rosenberg, M. B.: Gewaltfreie Kommunikation – aufrichtig und einfühlsam miteinander sprechen, 2001, S. 63.

141 Peseschkian, N.: Wen du willst, wd du noch nie gehabt hast, dann tu, was du noch nie getan hast, 8. Auflage, 2004, S. 11.

Einladung zum Nachdenken

Ein Vierzigjähriger, der eine Zwanzigjährige geheiratet hat, auf die Frage, ob sich der Altersunterschied nicht störend bemerkbar mache: „Keineswegs. Wenn ich meine Frau anschaue, fühle ich mich zehn Jahre jünger. Wenn meine Frau mich anschaut, fühlt sie sich zehn Jahre älter. Also fühlen wir uns beide wie dreißig." **[Nossrat Peseschkian]**

Kernsatz

- In diesen Zusammenhang besonders hervorzuheben sind die folgenden lebensfreundlichen, ermunternden ja geradezu beflügelnden und positive Gefühle vermittelnden Lebenshaltungen: Gelassenheit, Humor, Friedfertigkeit, Wohlwollen, Dankbarkeit und Versöhnung.

„*Gelassenheit* ist keine angeborene Fähigkeit, sondern eine Lebenshaltung, die man einüben muss. Das hat aber nichts mit dem Charakter zu tun. Wer von Natur aus, also charakterlich träge ist, gilt als phlegmatisch, nicht als gelassen. Nur den ausgeglichenen Menschen bezeichnen wir als gelassen: er betrachtet das Geschehen mit Gleichmut. Weit von Resignation und Gleichgültigkeit entfernt, nimmt er Anteil sowohl an den Freuden wie den Schattenseiten des Lebens, immer darum bemüht, überschießenden Reaktionen Zügel anzulegen."[142]

„Wie entscheidend es ist, nicht nur zu den Highlights des Jahres, sondern auch im (Job-) Alltag positive Gefühle zu haben, belegen inzwischen eine Reihe von Studien. Alice Isen, Psychologieprofessorin an der Cornell Universität in New York und wissenschaftliche „Entdeckerin" der positiven Gefühle, wies schon 2001 nach:

> *„Wir sind produktiver, leisten mehr, besitzen ein größeres Durchhaltevermögen, sind belastbarer und zufriedener mit unserer Arbeit, wenn wir positive Gefühle haben."*[143]

Fredrickson hat die Broaden-and-Build-Theorie entwickelt. Hiernach wirken positive Gefühle auf zwei Ebenen: Die Broadening-Hypothese besagt, dass positive Gefühle unser Gedanken-Hand-

---

142 Pieper, A.: Gelassenheit: Die eigene Mitte finden, in Psychologie heute, August, 2004 S. 20 ff.

143 Eichhorn, Ch.: Erfolgreich durch positive Emotionen, – Gefühlsmanagement für den Job, in: managerSeminare, Heft 123, Juni 2008 S. 29 ff.

Positive Gefühle führen zu mehr Energie, Überzeugungskraft und Ausdauer!

lungs-Repertoire erweitern (to broaden = erweitern) Nach der Buildening Hypothese steigert das Erlebnis positiver Gefühle aber auch nachhaltig personelle Ressourcen, d.h. wir haben mehr Energie, mehr Überzeugungskraft, mehr Ausdauer (to build = aufbauen)[144] „Stress hingegen macht ängstlich, angespannt und übererregt. Man sieht die Welt mit einem Tunnelblick, der die Sicht auf alternative Lösungsmöglichkeiten verbaut. *Positive Gefühle hingegen machen innerlich frei und öffnen so unseren Blick. Man geht selbstbewusster auf Herausforderungen zu und stellt sich ihnen mit mehr Elan. Das gute Grundgefühl, die feste Überzeugung, anstehende Herausforderungen positiv beeinflussen zu können, wirkt als Stresspuffer und macht belastbar. Positive Gefühle fördern aber auch soziale und kommunikative Fähigkeiten.*"[145]

Humor bewirkt positive Gefühle, „Humor ist die Sache der inneren Freiheit, des inneren Anstandes zu sich und anderem Leben, ist helle, warme Heiterkeit des Herzens, die viel Erfahrung hat mit Leben und ganz viel davon weiß, dass Leben möglich ist so, oder so."[146] Wie sagte Hermann Hesse: „Tragik und Humor sind ja keine Gegensätze. Oder sind vielmehr nur darum Gegensätze, weil die eine den anderen so unerbittlich fordert." Für Frankl ist der Humor ein „Existential" eine Notwendigkeit gerade in schwierigen Situationen das Leben zu meistern. Zur Höchstform des Humors reifen wir, wenn es uns gelingt über unsere eigenen Unzulänglichkeiten und Schwächen zu lächeln und milder mit den Fehlern anderer Menschen umzugehen.

Humor die beste Medizin!

Humor hat gesundheitsförderlichen Charakter und Lachen ist gesund. Als Epiphänomen braucht Lachen allerdings einen Grund, den Humor oder Witz, um seine segensreiche gesundheitsförderliche Wirkung zu entfalten; sonst bleibt es künstliches Gegacker und Zwerchfellgymnastik, wie in den so genannten Lach-Klubs.

Friedfertigkeit bewirkt positive Gefühle. Sie entsteht durch jenen Seelenfrieden, der durch sinnvolle Haltungen, Handlungen und Verhaltensweisen entsteht. Wir sollten das Bewusstsein des Friedens für uns zu entdecken suchen, ein Bewusstsein, das nichts und niemand beeinträchtigen kann; und möglichst lange darin verweilen. „Im Reifeprozess des Menschen, der seine Verantwortung für den

144 Eichhorn, Ch.: ebenda.

145 Eichhorn, Ch.: ebenda.

146 Böschemeyer, U.: Worauf es ankommt, Werte als Wegweiser, 2003, S. 178.

Anderen als großen Auftrag empfindet, verwandeln sich gefährliche Symptome einer Seelenkrankheit in ein starkes und gesundes Immunsystem der Gesellschaft:

An einem gesunden Immunsystem der Gesellschaft mitwirken!

- Aus Aggression wird Gelassenheit.
- Aus Stolz wird Solidarität.
- Aus Lüge wird Transparenz.
- Aus Arroganz wird Menschlichkeit.
- Aus Gier wird Altruismus.
- Aus Feigheit wird Mut.
- Aus Oberflächlichkeit wird Tiefe.
- Aus Brutalität wird Mitgefühl.
- Aus Ziellosigkeit wird Kooperation."[147]

Diesen paradiesischen Zustand werden wir in dieser vollendeten Form trotz aller Bemühungen nicht erreichen. Betrachten wir ihn als Orientierung, als Polarstern. „Menscheln" wird es trotz allem immer wieder. Wenn es aber zumindestens menschlicher „menschelt", dann ist schon sehr viel erreicht.

> *„Friedfertig ist", sagte Carl Friedrich von Weizäcker: „Wer Frieden um sich entstehen lassen kann. Das ist eine Kraft, eine der größten Kräfte des Menschen. Ihr krankhaftes Aussetzen oder Verkümmern, fast stets bedingt durch mangelnden Frieden mit sich selbst, ist die Friedlosigkeit. Friedlosigkeit ist eine seelische Krankheit."* **[Horst Eberhard Richter]**

Wohlwollen ist eine Lebenshaltung und nicht eine Reaktion. Wohlwollend sind Menschen, die im vollen Bewusstsein der Ambivalenz stets das Positive suchen und fokussieren und dem Wohlwollen damit Raum zur Entfaltung geben. Wohlwollende Menschen bestärken positive Verhaltensweisen und zeigen Mitmenschen ihren Wert und ihr Potenzial. Sie erwecken Menschen zum Leben, bauen sie auf. Wohlwollende Menschen finden und stiften Anlässe und Möglichkeiten zur Freude, freuen sich über eigenes und fremdes Glück. Sie bewirken Sinnvolles und stärken so ihr eigenes Selbstwertgefühl. „Aus den Forschungen zum Thema Selbstwert ist bekannt: Ein zentraler Faktor unter anderem für die psychische Gesundheit wie für die Motivation ist sich selbst als wertvoll und wichtig zu erleben."[148]

---

147 Vgl. Böswald, A.: a. a. O. S. 181 ff.

148 Volk, H.: Angriff auf das soziale Selbst, zitiert nach Storch, M.: in: Arzt und Krankenhaus, 6/2007.

Ein nicht zu unterschätzender Grund für negative Gefühle liegt im ständigen Fokussieren des Negativen, unter Umständen sogar mit Neidgefühlen: das ins Visier nehmen, was andere Menschen haben und wir nicht. Dabei kommt ein wesentliches positives Gefühl abhanden: das Gefühl der Dankbarkeit für das was ist. Der weltbekannte Psychologe Martin Seligmann sieht in der Dankbarkeit und in der Vorsöhnung die zwei Hauptsäulen für Lebensqualität.

Dankbarkeit eine Hauptquelle für Lebensqualität

Dankbarkeit: „Die kleinste Übung, so Klemens Tilmann, heißt: Danke. Wenn du innerlich zur Ruhe und Sammlung kommst, im Sitzen oder beim Spazieren gehen, schau dir alles gut an, was du hast und was auf dich zukommt und sag immer „Danke". Das Wort führt in eine unermessliche Fülle.

Es gibt Menschen, die sich an jedem Abend vergegenwärtigen, was sie während des Tages an Gutem erlebt haben. Dabei denken sie keineswegs nur an große Ereignisse oder Begegnungen, denn die sind eher selten. Sie denken eher an Freundlichkeiten, Überraschungen, angenehme Zufälligkeiten oder sinnvolle Handlungen. Und da diese Dinge, die für den, der offen durch den Tag geht, gar nicht so selten sind, wirken sie beglückend und lösen Gefühle der Dankbarkeit aus."[149]

„Dankbarkeit ist die Folge der Besinnung auf gehaltvolles, sinnerfülltes Leben."[150]

Einladung zum Nachdenken

Die Außenseite eines Menschen ist das Titelblatt des Inneren:
Ein Stallbursche arbeitet auf dem Feld. Plötzlich merkte er, dass er sich einen Dorn in den Fuß gestochen hatte. Er bemühte sich den Stachel heraus zu bekommen, reinigte die blutige Stelle und begann, mit Lobgesang Gott seine Dankbarkeit zu zeigen. Sein Freund, der das Vorkommnis miterlebte, fragte ihn nach dem Grund seiner Dankbarkeit trotz der Verletzung.
Der Stallbursche sagte: „Ich bin froh, dass ich meine neuen Schuhe nicht angezogen hatte, sonst wäre jetzt ein Loch im Schuh."

[Nossrat Peseschkian]

---

149 Böschemeyer, U.: Worauf es ankommt – Werte als Wegweiser, 2003, S. 180.
150 Ebenda.

Versöhnung mit dem was war: Versöhnung meint keinesfalls Verdrängung. Versöhnung bedeutet der Kränkung „ins Gesicht zu schauen", den durch sie verursachten Schmerz zu spüren, aber in einem nächsten Schritt zu versuchen darüber zu stehen und der Kränkung zu trotzen. Versöhnung erfordert alte Verletzungen und das ständige Wiederholen und Wiederaufzeigen von begangenen Fehlern über Bord zu werfen. Hier liegt ein noch weites Spektrum an Möglichkeiten. Negative Gefühle wie Rache und Vergeltung werden vielfach noch als Stärke fehl gedeutet. Rache- und Vergeltungsgefühle schwächen und lähmen uns. Sie verhindern unsere Entwicklung. Tatsächlich werden wir nicht schwächer sondern stärker und wertvoller, wenn wir auf Rache und Vergeltung verzichten und anderen Menschen die Hand zur Versöhnung ausstrecken. Absolute Größe können wir dann zeigen, wenn wir trotz Unschuld den ersten Schritt zur Versöhnung machen. Wir versuchen zu verinnerlichen, dass wir mehr sind als „nur" unsere Verletzung; denn auch wir, als ambivalente Wesen, verletzen andere Menschen, bewusst oder unbewusst immer wieder. Eine solche Haltung lässt in uns Größe und Stärke wachsen.

Versöhnung: das Heilmittel für Psyche und Geist

Einladung zum Nachdenken

Ein ganz besonderes Vorbild

Viktor Frankl hatte vier Konzentrationslager knapp überlebt und dabei, bis auf seine Schwester, die nach Australien ausgewandert war, seine gesamte Familie verloren. Nach dem Krieg musste er in seiner Heimatstadt Wien vom Nullpunkt an neu beginnen; traumatisiert und halb verhungert, mit den inneren Bildern unvorstellbaren Gräuels vollgestopft. Aber die schlimmen KZ-Erfahrungen konnten ihn nicht erdrücken.
Er startete sein neu geschenktes Leben ohne Hass und Groll, stattdessen mit Engagement und Innovationskraft. Es war und blieb seine Überzeugung, dass es in jeder Situation, wie sie auch beschaffen sein mag, Sinnmöglichkeiten gibt, und dass derjenige, der sie entdeckt, aufgreift und verwirklicht, gleichsam als Nebeneffekt Erfolg hat, Zufriedenheit erringt, ein positives Feedback aus der Mitwelt erntet und an Selbstsicherheit und Selbstwirksamkeit zunimmt.[151]

151 Lukas, E.: Den ersten Schritt tun, Konflikte lösen, Frieden schaffen, 2008, S. 14.

Kernsatz

- Versöhnung ist Zeichen von menschlicher Größe und Humanität. Versöhnung entrümpelt die eigene Seele, macht sie frei für das Wesentliche.

Wir stecken viel zu viel Kraft und Zeit in die Auseinandersetzung mit Verletzungen und Selbstmitleid. Mit einer Haltung, die Verletzungen und Kränkungen als Bestandteil des Lebens anerkennt, können wir ressourcenorientierter umgehen.

Was Not tut ist, ein Paradigmenwechsel: „Weg von „Archäologie der Seele", hin zur „Futurologie der Person."[152]

Wenden wir uns mehr den zukünftigen Möglichkeiten zu, befreien wir uns von den in Vergangenheit erlittenen und unsere kreativen Kräfte blockierenden Verletzungen!

Schwere seelische Traumen sind hier ausgeschlossen und müssen natürlich professionell aufgearbeitet werden.

Einladung zum Nachdenken

Menschen sind wir

Du sagtest: Mit deiner Mutter, einem Freund, einem Kollegen, deinem Chef, seiest du endgültig fertig. Dann willst du auf Versöhnung endgültig verzichten – auf Versöhnung auch in dir?
Sind Mütter nur Mütter? Sind Väter nur Väter? Sind Kinder nur Kinder? Sind Freunde nur Freunde? Sind Kollegen nur Kollegen? Sind Politiker nur Politiker? Sind Manager nur Manger?
Mütter, Väter, Kinder, Freunde, Kollegen, Politiker, Manager sind Menschen. Es wäre gut, wenn Menschen einander Menschen sein ließen.

[In Anlehnung an Uwe Böschemeyer]

Vermeiden von Bequemlichkeit und übertriebenem Selbstverwöhnen

Bequemlichkeit, übertriebenes Selbstverwöhnen, Aufgeben und Passivität können zwar im ersten Moment sehr angenehm sein, auf Dauer erzeugen sie aber ein Gefühl der Nutzlosigkeit und der Leere. Sie nagen wie Gift an unserem Selbstwert. Der Philosoph Seneca meinte in diesem Zusammenhang, „dass es das Schlimmste sei, zu

152 Vgl. Kurz, W./Hadinger, B.: Sinnvoll leben lernen, Tübingen 1999, S. 18.

schnell mit sich selber zufrieden zu sein" Auch Frankl warnte davor, sich selbst, die eigenen Kinder oder andere Menschen zu sehr zu verwöhnen, denn damit würden wir psychische Immunkrüppel produzieren. Unterforderung und übertriebenes Verwöhnen verhindern die Persönlichkeitsentwicklung mit der Gefahr der Lebensuntüchtigkeit, Resignation, Unzufriedenheit und existenzieller Frustration. Hartnäckigkeit, Selbstdisziplin, Durchhaltevermögen und erfolgreiches Meistern von belastenden, schwierigen Situationen, entfalten hingegen unsere Potenziale und stärken unseren Selbstwert. Hartnäckigkeit schlägt Talent! Talent wurde und wird immer wieder überschätzt. Talent alleine ohne Ausdauer, ohne Selbstdisziplin hat keine nachhaltige Wirkung.

Keine psychischen Immunkrüppel „produzieren"!

„Kümmere dich nicht um die hergebrachten Vorurteile, habe keine Angst, lächerlich zu sein, sondern handle." **[Albert Schweitzer]**

Einladung zum Nachdenken

Wolfgang Amadeus Mozart gilt als Wunderkind schlechthin – alles sei ihm mühelos zugeflogen. Besonders hartnäckig hielt sich die Legende, dass ihm ganze Sinfonien quasi vors geistige Auge oder Ohr gekommen seinen und er sie nur noch niederschreiben musste.
Ulrich Dürner, Musikwissenschaftler und Verfasser des Buches Mozarts Große Reise (Böhlau Verlag 2206), korrigiert diese Vorstellung vom genialen Schaffensprozess. „In den vergangenen 15 Jahren hat man die Kompositionsweise von Mozart untersucht. Wir wissen, dass er nie fertige Stücke einfach niederschrieb, sondern wie ein Berserker gearbeitet, skizziert und probiert hat. Er arbeitete nach der klassischen Methode, aber intensiver und härter als andere... Er hat sich buchstäblich zu Tode gearbeitet, wie seine Frau einmal schrieb.[153]

Manager im Visier

„Viel Kälte ist unter den Menschen, weil wir nicht wagen, uns so herzlich zu geben, wie wir sind." **[Albert Schweitzer]**

Manager als Teil der Verantwortungselite der Gesellschaft müssen mit ihren Haltungen gesellschaftliche Vorbilder sein. Sie haben im positiven wie negativen Sinn Macht über Menschen und de-

153 Doskoch, P.: a.a.O. S. 22.

ren Gefühlsleben. Die Bedeutung der Gefühle wurde und wird in der Arbeitswelt sträflich vernachlässigt. Böswald meint deshalb zu Recht:[154] „Was haben Menschen von leeren Herzen und verdorrten Emotionen, von digitalen Welten und virtuellen Gefühlen? Nichts!" Menschen sind in Unternehmen mehr als nur Produktionsfaktoren. Sie bleiben Menschen und entwickeln Gefühle; daraus resultieren Verhaltensweisen, die den Unternehmenserfolg im Positiven, wie im Negativen beeinflussen. „Wenn sich Mitarbeiter zum Mittel reduziert sehen, reduzieren sie ihrerseits ihre Arbeit zum Mittel der Einkommenserzielung und sehen sich letztlich nur noch sich selber verpflichtet."[155] Zu den primären Aufgaben von Managern zählt es ein förderliches, Selbstwert stärkendes Klima zu schaffen: ein Klima, indem sich Menschen wertvoll und wichtig erleben und gegenseitig in ihren positiven Verhaltensweisen bestärken. Wird dieses „soziale Selbst bedroht, reagiert der Körper genauso mit Stress, wie bei Bedrohung seiner physischen Integrität. Stress im Lichte dieser Befunde betrachtet zeigt, dass dieses Phänomen im Beruf unzulässig vereinfacht wird, wird es alleine unter der Perspektive der zeitlichen oder quantitativen Arbeitsbelastung betrachtet."[156]

Kernsatz

- Eine der vordinglichsten Aufgabe von Managern ist, es im Unternehmen durch eigenes Vorleben jene Haltungen zu fokussieren und zu fördern, die positive und lebensfreundliche Gefühle erzeugen.

„Es kommt nicht nur darauf an, was wir äußerlich in der Welt leisten, sondern was wir menschlich geben, in allen Lagen." **[Albert Schweitzer]**

Einladung zum Nachdenken

Empirische Erfolgsbelege

Forscher der positiven Organisationsforschung verifizierten die Hypothese, dass ein Unternehmen dann in neue Erfolgsdimensionen vorstoßen kann, wenn seine Führungskräfte die bestimmenden Faktoren für positives Verhalten am Arbeitplatz kennen und nutzen.
„So kam z. B. eine Untersuchung von M. Losada und E. Heaphy von der University of Michigan zu dem Ergebnis, dass Mitarbeiter oder Mitarbei-

154 Böswald, A.: a. a. = S. 183.
155 Volk, H.: a. a. O. zitiert nach Müller, R.
156 Volk, H.: a. a. O.: zitiert nach Storch, M.

terteams, bei deren Beurteilung einem negativen Aspekt fünf positive Punkte gegenüberstanden, zusätzliche positive Energien mobilisieren konnten, die zu besseren Einzel- und Gruppenergebnissen führten."[157]

Kim Cameron hat gezeigt, wie ein solch positiver Ansatz Arbeiter, die mit dem Abriss eines Kernkraftwerkes in Roky Flats in Colorado beauftragt worden waren, dazu brachte, ihre schwierige Aufgaben in Rekordzeit zu bewältigen. Das 1995 gestartete und ursprünglich auf 70 Jahre und 36 Milliarden Dollar angelegte Projekt soll jetzt bereits binnen zehn Jahren abgeschlossen sein, zu Kosten von weniger als sieben Milliarden Dollar.

Die für die Abrissarbeiten zuständige Firma Kaiser-Hill hatte umgedacht: Die traditionelle Kultur der Ablehnung war durch eine Kultur des gegenseitigen Zuspruchs ersetzt worden, in der die Flexibilität der Mitarbeiter gefördert und Erfolge gefeiert wurden. Mit dem Ergebnis, dass die Mitarbeiter völlig neue Verfahren und Vorgehensweisen erfanden, die sich als schneller, intelligenter und sicherer erwiesen."[158]

Top 5: Den Lebenskünstler in uns wecken – Selbstvertrauen gewinnen

„Du musst die Veränderung sein, die du in der Welt sehen willst."

[Mathma Ghandi]

Der Lebenskünstler weiß, dass es entscheidend ist, der inneren Stimme, dem Lebensthema zu folgen um Sinnvolles zu bewirken. „Er bestärkt in vielen Variationen, was C. G. Jung einmal sinngemäß so gesagt hat: „Die innere Welt sei reich genug, dass jeder (!) ausreichend Gründe für ein beglückendes Leben finden könne."[159]

Kernsatz

- Der Lebenskünstler gibt trotz Hürden, Schwierigkeiten Rückschlägen und Misserfolgen nicht auf. Er weiß, dass sich Leben unterspickt von schönen und weniger schönen und gar nicht schönen Tagen und Erlebnissen zeigt. Trotzdem hat er mehr Mut und Hoffnung als Angst und Hoffnungslosigkeit.

157 Morgan, L. u. a.: Wie Sie Ihre Stärken besser ausspielen, in Harvard Business Manager, April 2005, S. 27 ff.

158 Morgan, L. u. a.: a. a. O. S. 30.

159 Böschemeyer, U./Van Capellen, M.: Bei sich beginnen, 17 Wege zum Glück, 2007, S. 45.

Der Lebenskünstler bejaht das Leben trotz allem!

Der Lebenskünstler hat die Fähigkeit, nicht nur mit Erwartetem, Erwünschtem, Geplantem und Angenehmem, sondern auch mit dem Unerwarteten, dem Ungeplanten, dem nicht Angenehmen, dem Herausfordernden, dem Schwierigen und den Krisen umzugehen und das Leben *trotzdem* zu bejahen. Er stellt sich dem Unbekannten, den Veränderungen, sucht nach neuen Möglichkeiten und hat immer die Chancen im Visier. Er stemmt sich nicht gegen das Schicksal, gegen das Unabänderbare. Er ändert seine Einstellung und entwickelt Kompetenz und Anpassungsfähigkeit. Er ist in der Lage aus gewöhnlichen Einstellungs- und Verhaltensmustern auszubrechen und verlässt die Komfortzone der Gewissheiten, in der nur automatisierte Reaktionen ablaufen. Er betrachtet das Leben als ein großes Experimentierfeld, das ihm die Chancen eröffnet, seine selbst auferlegten Grenzen zu überwinden und das zu werden, was er aufgrund seiner Potenziale sein kann. Er weiß, dass sein Leben sein Lehrer ist, der ihm jeweils die Lektion verpasst, die er für seine Entwicklung und Selbstgestaltung braucht. Er weiß, dass jede Krise eine Gunst sein kann, die ihm hilft, seine Grenzen zu sprengen, neue Wachstumspfade zu eröffnen und ihn in seinem Selbstvertrauen und Selbstwert stärkt. Er will nicht alle Träume auf einmal realisieren, er hebt sich unerfüllte Wünsche auf. Er ist inspiriert von Goethes Worten: „Nichts ist schwerer zu ertragen als eine Reihe von schönen Tagen." Er genießt die schönen Tage und stellt sich aber auch den weniger schönen. Anders als in dieser Geschichte:

Einladung zum Nachdenken

„Der Hauptgrund, warum viele Menschen unglücklich sind, ist darin zu suchen, dass sie eine erstaunliche aber offensichtliche Befriedigung aus ihren Leiden gewinnen", sagte der Meister.
Dann erzählte er, wie er einmal auf einer Bahnfahrt im oberen Bett eines Liegewagens die Nacht verbrachte. Es war ihm unmöglich einzuschlafen, weil von unten her ein ständiges Stöhnen an sein Ohr drang: „Ach bin ich durstig, ach bin ich durstig!"
Da das Stöhnen kein Ende nehmen wollte, kletterte der Meister schließlich die Treppe hinunter, ging durch den ganzen Zug zum Speisewagen kaufte zwei Becher Bier, ging den langen Weg zu seinem Abteil zurück und reichte dem geplagten Mitreisenden die beiden Becher. „Hier ist etwas zu trinken!" „Wunderbar – Gott sein Dank."

Der Meister stieg die Leiter hinauf und streckte sich mit einem Seufzer aus. Kaum hatte er die Augen geschlossen, hörte er es von unten stöhnen: „Ach Gott war ich durstig ... oh weh war ich durstig!"

[Sufi Geschichte[160]]

Der Lebenskünstler weiß, was er will, aber er will auch, was er bekommt. Er weiß von den zwei Seelen in seiner Brust, der lebensbejahenden und der lebensverneinenden. Trotzdem hört er selbstbewusst auf den inneren Verbündeten und versucht dem inneren Widersacher, den negativen Gefühlen, bewusst keinen Raum zu geben.

„Er ist ein Symbol für das Zusammenspiel von Lebensklugheit, Leichtigkeit, Humor, den Fähigkeiten also, das jeweils Beste aus einer Situation zu machen."[161] Er bejaht das Leben, das ganze. Er schönt es nicht, sucht aber in den wechselnden Situationen des Lebens vor allem das Gute und Wichtige.[162]

Die gute Nachricht: Wir alle können den Lebenskünstler in uns wachrufen und entfalten. Wir alle können „trotzdem" aus allen Lebenssituationen das Beste machen. Wir können an gemeisterten Problemen, Krisen und Hindernissen wachsen. Auch Resilienzforscher kommen zu dem Ergebnis:

„Resilienz ist eine Fähigkeit, die jeder Mensch lernen kann."[163]

Die Osnabrücker Forschung[164] unterscheidet zwei Grundhaltungen, mit denen man auf die vielen Schwierigkeiten und leidvollen Erfahrungen im Leben reagieren kann: Menschen mit einer Gestaltergrundhaltung glauben nicht nur, etwas bewirken zu können, sondern sie verfügen auch über die dazu notwendigen Kompetenzen. Menschen mit dieser inneren Haltung sind eher handlungsorientiert, das heißt, sie besinnen sich in einer schwierigen Situation darauf, etwas zu tun, um ihre Lage zu verändern. Sie zögern nicht lange, sondern werden aktiv. Handlungsorientierte Gestalter sind keine blinden Optimisten, sondern fähig zwischen Optimis-

Erfolgreiche Menschen stehen einmal mehr auf, als sie hinfallen

160 Lukas, E.: Rendezvous mit dem Leben, 2000, S. 63.

161 Böschemeyer, U./Van Capellen, M.: a.a.O. S. 45.

162 Ebenda, S. 46.

163 Martens, U. J./Kul, J.: Die Kunst der Selbstmotivierung, Neue Erkenntnisse der Motivationsforschung praktisch nutzen, 2. Auflage, 2005, S. 139.

164 Ebenda, S. 21 ff.

mus und Problembewusstsein und damit zwischen positiven und weniger positiven Stimmungen wechseln zu können. Sie bleiben weder im Optimismus, noch im Problembewusstsein kleben. Sie steuern ihre Gefühle so, wie es der momentanen Situation angemessen ist: Wenn zuviel Optimismus aufkommt, so dass man die zu lösenden Schwierigkeiten übersehen könnte, dämpfen sie ihren Optimismus. Wenn die Probleme überhand nehmen, sind sie in der Lage, sich selbst zu motivieren: Sie steigern dann ihren Optimismus, damit die Probleme sie nicht erdrücken und die Handlungsfähigkeit lähmen.[165]

Demgegenüber stehen die Menschen, die eher lageorientiert sind. Diesen Menschen fällt es schwer, an eine Handlung zu denken, wenn sie in Schwierigkeiten oder unter Stress geraten, sie konzentrieren sich dann zu sehr auf ihre derzeitige Lage und neigen zum Zaudern und Grübeln, sie akzeptieren auch vorschnell für sie negative Bedingungen. Sie reagieren oft passiv, sie finden sich mit dem ab, was ihnen begegnet. Man nennt zugrunde liegende Einstellung Opfer- oder Erduldergrundhaltung.[166] Es gibt drei Varianten der Opferhaltung: die Unbestimmten, die Zögerer und die Aufgeber. Die Unbestimmten bilden keine Ziele und treffen keine klaren Entscheidungen. Die Zögerer schieben die Umsetzung eigener Ziele immer wieder auf. Die Aufgeber halten bei Schwierigkeiten und Misserfolgen nicht durch.[167] Die Analyse hat gezeigt, dass jede der drei Varianten der Opferhaltung durch einen von zwei Mechanismen verursacht sein kann. Ein Mechanismus ist die *„Willenshemmung"*, die darauf beruht, dass Schwierigkeiten und Probleme so gut verwaltet werden, dass sie dem Betroffenen den Mut und die Kraft nehmen. Die zweite Ursache für Entscheidungsschwäche, Zögern oder Aufgeben ist die sogenannte *Selbsthemmung*. Sie zeigt sich im Zusammenbruch der Selbstmotivation beim Auftauchen der ersten Schwierigkeiten oder Misserfolge. Die Osnabrücker Forschung hat gezeigt, dass es neben der Selbstmotivierungsschwäche eine zweite Ursache gibt, die in die drei Formen der Passivität führen kann. Die Ursache hängt mit der Schwierigkeit zusammen, Kontakt zu den eigenen Gefühlen zu halten.[168]

---

165 Ebenda, S. 37.

166 Ebenda, S. 21 ff.

167 Vgl.: Ebenda S. 44.

168 Vgl.: Ebenda S. 44 ff.

Handlungs- und lageorientierte Menschen haben unterschiedliche Überzeugungen: Handlungsorientierte glauben, dass es auch in vielen schwierigen Situationen Lösungswege gibt, während Lageorientierte optimistische Überzeugungen rasch verlieren, wenn etwas schief geht. Es liegt nahe zu glauben, dass solche Überzeugungen die Ursache für das aktive Problemlösen der handlungsorientierten Gestalter und die Passivität der lageorientierten Erdulder sind: Wer nicht an den Erfolg glaubt, gibt auf. Diese Erklärung ist auch in der Psychologie noch weit verbreitet. Die systematische Erforschung der beiden Grundtypen hat jedoch gezeigt, dass pessimistische bzw. optimistische Überzeugungen oft gar nicht die Ursache, sondern die Folge eines tiefer liegenden Mechanismus sind.[169]

Bei handlungsorientierten Gestaltern funktionieren bestimmte Regulationsvorgänge anders als bei Lageorientierten; Gestalter erholen sich zum Beispiel schneller von negativen Gefühlen. Die Forschung hat gezeigt, dass die rasche Wiederherstellung positiver Gefühle nach Entmutigung durch einen Verlust oder Misserfolg dazu führt, dass man einen verbesserten Überblick über persönliche Erfahrungen und Lösungsmöglichkeiten gewinnt und entsprechend rasch wieder handeln kann. Optimistische Überzeugungen sind dann meist die Folge (nicht die Ursache) des effektiveren Funktionierens psychischer Systeme. Das ist auch für die Praxis wichtig:

Kernsatz

- Alle noch so gut gemeinten Empfehlungen vieler Ratgebebücher, man möge positiv denken, helfen wenig, wenn man nicht die eigentlichen Ursachen ungünstiger Überzeugungen beseitigt, z. B. die geringe Fähigkeit, die für das Problemlösen und Handeln wichtigen Emotionen wieder herzustellen.[170]

Positive Gefühle helfen uns, das, was wir uns vorgenommen haben, auch tatsächlich umzusetzen. Positive Affekte helfen, den Inhalt des Absichtsgedächtnisses mit den Systemen zu verknüpfen, die das Handeln steuern. Positive Gefühle können einfaches Verhalten aktivieren, sie reichen aber nicht aus, um die Energie zum Ausführen schwieriger Absichten bereit zu stellen. Dazu muss man auch in der Lage sein, Frustrationen auszuhalten, den Schwierigkeiten ins Auge zu sehen, was die optimistische Stimmung des immer nur spontan Handelnden für eine Weile dämpfen kann. Das Absichtsgedächtnis

169 Ebenda, S. 21.

170 Ebenda, S. 22.

ist sozusagen der Ort, wo der bewusste Wille gespeichert ist.[171] Das Osnabrücker Experiment zeigt, dass positive Stimmungen offensichtlich helfen, das Absichtsgedächtnis mit dem Ausführungssystem zu verschalten: Wenn man eine schwierige Absicht umsetzen will, muss man sie also erst einmal im Absichtsgedächtnis aufrecht erhalten und dann im richtigen Moment ein positives Gefühl erzeugen, damit die Absicht auch tatsächlich umgesetzt werden kann. Wir nennen diesen Effekt *Willensbahnung.* Dieser Effekt beruht nicht auf einer Überzeugung, sondern auf der Wirkung eines bestimmten Gefühls: Sobald ein positives Gefühl entsteht (das nicht einmal bewusst zu werden braucht), wird das Intentionsgedächtnis mit den Verhaltens steuernden Systemen verschaltet, unabhängig davon, was die Person gerade denkt, oder welche Überzeugungen sie hat.[172]

Die Gefühle nicht verwalten, sondern gestalten!

Es geht um die Fähigkeit eigene Gefühle so zu steuern, dass auch schwierige Ziele erreicht werden können, ohne sie durch einen blinden Optimismus verharmlosen zu müssen, aber auch ohne in eine lähmende „Problemhypnose" zu verfallen.[173] Handlungsorientierte Gestalter können also deshalb ihre Ziele besser umsetzen, weil sie ihre Affekte und Emotionen eigenständig regulieren können. Menschen mit Opfergrundhaltung *verwalten* ihre Gefühle, sie nehmen sie so hin wie sie sind. Menschen mit Gestaltergrundhaltung *gestalten* ihre Gefühle, sind ihnen nicht ausgeliefert. Erstere fühlen sich deshalb immer wieder in der Opferrolle, weil sie in negativen Gefühlen verharren, statt sie zu verändern.[174]

Die Resilienzforschung konnte keine angeborenen Fähigkeiten entdecken, die die Stärke resilienter Persönlichkeiten ausmachen würde. Resilienz ist durch Lernen nachhaltig zu beeinflussen. Menschen, die mit schwierigen Situationen fertig wurden, haben sich dabei der folgenden Strategien bedient:[175]

- *Sie akzeptierten die Krise und die damit verbunden Gefühle.* Sie verdrängen nicht, leisten die „Trauerarbeit". Sie setzen sich damit bewusst auseinander, ohne sich nur der Trauer hinzugeben.

---

171 Ebenda, S. 22.

172 Ebenda S. 24.

173 Ebenda S. 37.

174 Ebenda, S. 37.

175 Vgl.: ebenda, S. 139.

- *Sie suchten nach Lösungen.* Sie sahen in Schwierigkeiten, die ihnen begegneten, ein Problem, das lösbar war.
- *Sie lösten ihre Probleme nicht alleine.* Sie suchten sich Freunde, die sie so annahmen, wie sie waren, die sich aber auch zu Recht wiesen, sobald sie vom vermeintlich richtigen Weg abwichen.
- *Sie fühlten sich nicht als Opfer.* Sie blieben aktiv und legten nicht die Hände in den Schoss. Sie behielten auch in sehr schwierigen Situationen die Einstellung, dass sie Gestalter sind.
- *Sie blieben optimistisch.* Sie sahen die positiven Möglichkeiten und sie konzentrierten ihre Wahrnehmung mehr auf diese Seite einer möglichen Entwicklung.
- *Sie gaben sich nicht selbst die Schuld.* Es ist wichtig, dass man sich nicht für das Schicksal verantwortlich fühlt, wenn etwas außerhalb unserer Einflussmöglichkeiten liegt. Selbst für den Fall, dass es unser Fehler wäre, schadet ein Zermürben. Ein nach Vorne sehen eröffnet neue Möglichkeiten und Chancen.
- *Sie planten voraus, sie rechneten mit der Zeit.* Wir stemmen uns gegen jede Veränderung und doch ist die einzige Konstante die Veränderung. Wenn man mit der Veränderung lebt, mit ihr rechnet, dann bleibt man gerade in Krisenzeiten flexibel und anpassungsfähig. Die Zeit kann gerade in schwierigen Situationen helfen: Die Zeit heilt Wunden.[176]

Auch für den Umgang mit schwierigen Situationen gilt die Frankl'sche Aussage: dass wir uns immer wieder am Kreuzweg einer neuen Entscheidung finden. Nicht nur eine Entscheidung über gewisse Wahlvorgänge, sondern gleichzeitig eine Entscheidung über uns selbst, über denjenigen Menschen, auf den wir uns zu entwickeln. Mensch sein ist im Fluss und jede getroffene Entscheidung gleicht einer Welle, die in eine bestimmte – und keine andere – Richtung weiter trägt. Anders formuliert:

Kernsatz

◆ Wir handeln nicht nur gemäß dem was wir sind, sondern wir werden auch gemäß dem, wie wir handeln. Handeln wir oft in identischer oder ähnlicher Weise, wird diese Handlung zum Habitus. Aus Handlung wird Haltung.[177]

176 Vgl.: ebenda. S. 133 ff.

177 Vgl. Lukas, E.: Lebensstil und Wohlbefinden – Logotherapie bei psychosomatischen Störungen, München,1999, S. 7 ff.

Es kommt darauf an, wie wir in schwierigen Situationen entscheiden und handeln. Nicht die Anzahl der schwierigen Situationen, der Herausforderungen, der Ängste, der Schicksalsschläge die uns begegnen macht uns reifer, Lebens erfahrener, sondern die Art und Weise, wie wir sie meistern. Sinnvoll und lebenserhaltend oder sinnwidrig und lebensvernichtend.

Einladung zum Nachdenken

Wir sind mehr als unsere Angst

Viktor Frankl hatte Höhenangst, was ihn zum Klettern motivierte. Er hat die Angst nicht verdrängt, er hat ihr ins Gesicht geschaut und sie schließlich überwunden.
Mit siebzig fragte er sich „wovor er noch Angst haben könnte?" Darauf hin beschloss er den Flugschein zu machen.

Je mehr wir unsere Gefühle kompetent gestalten, sinnvoll entscheiden und handeln, desto mehr Selbstvertrauen entwickeln wir. Je mehr Hürden wir überspringen, desto mehr wachsen wir in unserem Selbstwert. Je selbstwertstärker wir werden, desto geerdeter sind wir, desto beziehungsfähiger und konfliktfähiger werden wir. Je mehr Risiken wir eingehen, desto mehr wandeln sich unsere Ängste in schöne Erfahrungen. Je mehr Veränderungen, Herausforderungen und Krisen wir annehmen, desto besser entfalten wir uns, und desto resistentere, selbstwertstärkere und faszinierendere Persönlichkeiten werden wir.

„Du hast die Wahl:
Du kannst die Freude statt der Verzweiflung wählen.
Du kannst das Glücklichsein statt Tränen wählen.
Du kannst die Aktion statt der Apathie wählen.
Du kannst das Wachstum statt der Stagnation wählen.
Du kannst dich wählen.
Du kannst das Leben wählen.

Und es ist an der Zeit, dass man dir sagt, dass du nicht der Gnade von Kräften ausgeliefert bist, die größer sind als Du. Du hast in der Tat die größte Kraft für dich selbst in dir." **[Leo Buscaglia[178]]**

178 Quelle: Martens, Kuhl, a. a. O. S. 35.

Einladung zum Nachdenken

Ludwig van Beethoven wurde 1770 geboren. Schon Beethovens Kindheit war nicht ohne Probleme. Sein Vater war Alkoholiker, seine Mutter sehr oft krank und von seinen sechs Geschwistern überlebten nur zwei. Während Beethoven zu seinem Vater ein gespanntes und distanziertes Verhältnis hatte, liebte er seine Mutter sehr. Als er mit vermutlich fünf Jahren an einer Mittelohrentzündung erkrankte, bemerkten die Eltern dies nicht. Die Erkrankung heilte nicht richtig aus und gilt als eine der Ursachen für die später eintretende Taubheit. 1795 setzt ein Gehörleiden ein, das sich immer weiter verschlechtert und 1818 schließlich zur völligen Taubheit führt. Im „Heiligenstädter Testament" beschreibt er seine Probleme mit der Umwelt, die ihn aufgrund seines Leidens für störrisch und feindselig hält:

„O ihr Menschen, die ihr mich für feindselig, störrisch und misanthropisch haltet, ..., wie unrecht tut ihr mir, ihr wisst nicht die geheime Ursache, von dem was euch so scheint!. ... empfänglich für die Zerstreuungen der Gesellschaft musste ich mich früh absondern, einsam mein Leben zubringen; wollte ich auch zuweilen mich einmal über alles das hinaussetzen, o wie hart wurde ich durch die verdoppelte traurige Erfahrung meines schlechten Gehörs dann zurückgestoßen, und doch war's mir nicht möglich, den Menschen zu sagen: sprecht lauter, schreit, denn ich bin taub! ... Drum verzeiht ..."

Durch eine besondere Behandlungsmethode des Wiener Arztes Vering fasst Beethoven wieder Mut und schreibt am 16. November in einem Brief an Wegeler die berühmt gewordenen Sätze:

„Ich will dem Schicksal in den Rachen greifen, ganz niederbeugen soll es mich gewiss nicht. – Oh, es ist so schön das Leben tausendmal leben! – Für ein stilles Leben, – nein, ich fühl's, ich bin nicht mehr dafür gemacht. – ..."

1824 vollendete er die 9. Sinfonie. Der letzte Satz mit dem Chorfinale zu Schillers *Ode „An die Freude"* hat dieses Werk sehr populär gemacht. Die Musik drückt das Ringen eines Menschenherzens aus, das sich aus Mühen und Leiden nach dem Tag reiner Freude sehnt, der ihm doch in voller Klarheit und Reinheit nicht beschieden ist. Diese Sinfonie symbolisiert seine Versöhnung mit dem Leben „trotz allem.", die Gustav Klimt mit seinem weltbekannten Werk „die Umarmung" darstellt.

1972 wurde das Hauptthema des letzten Satzes offiziell zur Europahymne bestimmt und 1985 von der Europäischen Gemeinschaft als deren offizielle Hymne angenommen. In der Begründung heißt es: „Sie

versinnbildlicht die Werte, die sie alle teilen, sowie die Einheit in der Vielfalt". Das in der Staatsbibliothek zu Berlin befindliche Autograph wurde am 4. September 2001 in das Weltdokumentenerbe (Memory of the World) der UNESCO aufgenommen.[179]
Sein Leben, seine Werke lassen erkennen, dass Schwierigkeiten und Krisen Unglaubliches bewirken und hervorbringen können.

Manager im Visier

„Die größte Revolution unserer Generation besteht in der Entdeckung, dass menschliche Wesen die äußeren Aspekte ihres Lebens verändern können, indem sie die inneren Einstellungen ihres Geistes verändern."

[William James]

Mit der Veränderung bei der Wurzel beginnen!

Dieses Zitat zeigt sehr schön, was in Unternehmen notwendig ist: Geisteshaltungen, die menschliches und unternehmerisches Wachstum zulassen und fördern. Die oben erwähnten empirischen Befunde der Resilienzforschung belegen und beweisen das Gedankengut Viktor Frankls. Nach unseren Erfahrungen setzen Unternehmen, die bei der Wurzel der Veränderung, beim Menschenbild beginnen, den Veränderungsprozess wirkungsvoll und nachhaltig in Gang. Auf der Basis des sinnzentrierten Menschenbildes können exakt jene Geisteshaltungen verinnerlicht und die Werte gelebt werden, die Selbstverantwortung, Resilienz, Persönlichkeitswachstum und Engagement bei den einzelnen Unternehmensmitgliedern gewährleisten. Dies ist die Quelle für ein hohes Maß an Innovationskraft, Motivation und ein gelingendes, gesunderhaltendes Miteinander. Das beweisen zahlreiche erfolgreiche und prosperierende Unternehmen, die nach diesen Prinzipien geführt werden

„Es gilt wieder zu entdecken, dass es ein Leben des Geistes gibt, das noch höher steht als das Leben der Vernunft und das allein den Menschen zu befriedigen vermag." **[Antoine de St. Exupéry]**

179 Vgl.: http://www.ta7.de/txt/biografi/biog0006.htm
Vgl.: http://www.google.de/search?hl=de&q=Beethoven&meta
Vgl.: http://de.wikipedia.org/wiki/9._Sinfonie_(Beethoven

Einladung zum Nachdenken

Was Toyota besonders macht:[180]

Die Werte der Gründer: Über Jahrzehnte haben diverse Menschen zur Weiterentwicklung der Werte von Toyota beigetragen: Zu den Werten gehören:

- Das Streben nach ständiger Verbesserung („Kaizen")
- Respekt vor den Mitmenschen und ihren Fähigkeiten,
- Teamgeist,
- Bescheidenheit,
- Den Kundennutzen an erste Stelle zu setzen und
- Die Wichtigkeit sich selbst einen Eindruck zu verschaffen („Genchi Genbutsu")

Unternehmenskultur: Tradition und Innovation, Effizienz und Verschwendung, Hierarchie und Freiheit – derartige Widersprüche nicht nur auszuhalten, sondern zu fördern und produktiv zu nutzen, bringt Toyota weiter.
Die Mitarbeiter sind in einer Kultur tätig, in der sie ständig mit Herausforderungen und Problemen zu kämpfen haben sowie neue Ideen hervorbringen müssen. Dies ist der Grund, weshalb Toyota ständig besser wird. Die harten und weichen Innovationen gehen Hand in Hand.
Das Toyota Management ist der Überzeugung: Effizienz allein ist kein Erfolgsgarant. Die Führungskräfte sehen in ihren Mitarbeitern nicht nur die physische Arbeitskraft, sondern sie betrachten sie als Wissensarbeiter, die an vorderster Front des Unternehmens sogenanntes „Chie" ansammeln, also die Weisheit, die sich mit der Erfahrung einstellt. Aus diesem Grund investiert das Management viel in Personal und organisatorische Fähigkeiten.
Die Gehälter der Manager sind relativ niedrig. Im Jahr 2005 verdienten die Topmanager bei Toyota nur ein Zehntel dessen, was Manager bei Ford bekamen.

Hartnäckigkeit: Toyotas Strategie um Unmögliches möglich zu machen: Gründlich nachdenken, kleine Schritte machen – und niemals aufgeben.

Freiheit: Jeder Mitarbeiter genießt das Privileg, Anweisungen seines Chefs zu ignorieren oder sie nicht allzu ernst zu nehmen.

180 Vgl. Takeuchi, H. u. a.: Was Toyota besonders macht, in Harvard Business Manager, September 2008, S. 30 ff.

Top 6: Resonanzfähigkeit erzeugen

„Alles wirkliche Leben ist Begegnung." [Martin Buber]

Gesundes, erfolgreiches und gelingendes Leben zeigt sich primär in der guten Begegnung und Beziehung von Mensch zu Mensch. Beziehungen lassen sich nicht managen, sie erfordern ein gesundes Selbstwertgefühl, menschen- und lebensfreundliche Haltungen. Fast alle Probleme, die wir im Miteinander haben sind auf unsere Unfähigkeit, den Mensch zu begreifen zurückzuführen. Sie beruhen auf verkürzten und verzerrten Menschenbildern, mangelnder Selbsterkenntnis und Selbstverantwortung, Lieblosigkeit, Selbstsucht, Minderwertigkeitskomplexen und überzogenen Erwartungen. Frankl zitierte in diesem Zusammenhang Kirkegaard, der gesagt hat: „Die Tür zum Glück geht nach außen auf." Wollen wir also andern Menschen wirklich begegnen, tiefe Beziehungen aufbauen, müssen wir die Tür nach außen öffnen, uns öffnen und resonanzfähig werden.

Kernsatz

- Resonanzfähigkeit schaffen wir, indem wir wieder bei uns selbst beginnen. Indem wir versuchen ein bisschen selbstwertstärker und liebenswürdiger zu werden.
  Die besonders wichtigen Einstellungen dazu sind: Konfliktvermeidende Haltungen entwickeln, unser Mensch Sein begreifen, Menschen wohlwollen, den Perspektivenwechsel schaffen, mit Kränkungen und Enttäuschungen sinnvoll umgehen.

Dies ist ein Prozess, der nie endet. Ein Prozess, der uns selber weiter bringt und ein gelingendes Miteinander ermöglicht.

Konfliktvermeidende Haltungen entwickeln: Die Art und Weise, wie wir miteinander umgehen, kann aufbauend, förderlich oder destruktiv sein. Das Medium der Kommunikation ist die verbale und die nonverbale Sprache. Sprache kann, wie Marshall Rosenberg zu Recht sagt, Türen öffnen oder Mauern aufbauen. Die Kommunikation ist eine Grundproblematik menschlicher Existenz. Wie viel Freude, aber eben auch wie viel Leid ergeben sich Tag für Tag in den verschiedensten Interaktionen, beruflich wie privat. Von der Verbesserung dieser kommunikativen Interaktionen hängt unsere Lebensqualität und das Gelingen unseres Miteinanders ab. Kommunikation ist also der Prozess, der eine Gemeinsamkeit zwischen zwei oder mehreren Personen herzustellen vermag. Wir Mensch sind unter anderem Gemeinschaftswesen und ein fundamentales

Wesensmerkmal ist der Wille immer wieder Gemeinschaft herzustellen.

Unser Kommunikationsstil und unsere Reaktionen auf Konflikte sind Ausdruck unserer innersten Haltungen und unseres Selbstwertes. Täglich sind wir Differenzen und Andersartigkeiten ausgeliefert. Unsere Reaktion kann friedfertig und erfolgreich oder konfliktbesetzt und destruktiv sein. Um Konfliktvermeidende Haltungen zu entwickeln müssen wir verinnerlichen, dass

- wir die meisten (oder sogar alle) Dinge unterschiedlich wahrnehmen.
- unsere Begriffe, Vorstellungen und Gedanken von einander verschieden sind.
- unser Wollen in verschiedene Richtungen geht.[181]

Die Konfliktursache in uns selbst begreifen und win-win-Lösungen zulassen

Gelingende, Konflikt vermeidende Kommunikation und Beziehungen setzen ein starkes Selbstwertgefühl voraus. Die hier aufgezeigten sieben Tops der Selbstgestaltung und Lebenskunst ermöglichen die Entwicklung zu einer selbstwertstarken Persönlichkeit. Nur Menschen, die in der Lage sind, sich selbst wert zu schätzen und mit sich selbst liebevoll umzugehen, sind in der Lage auch andere respektvoll, liebevoll und wertschätzend zu behandeln. Sie können auf angemessene Weise mit der Wirklichkeit umgehen. Sie halten nicht stur um jeden Preis an ihren Prinzipien fest und hinterfragen diese vor dem Hintergrund der jeweiligen Situation. Mit selbstwertstarken Menschen kann man reden, wenn es sein muss auch streiten. Sie versuchen die Konfliktursachen in sich selbst zu begreifen, sehen Konflikte als Chance, um eigene Fehlhaltungen zu erkennen und Mitmenschen besser zu verstehen. Konflikte können erfolgreich ausgesprochen und ausgetragen werden, im Sinne einer „win-win-Lösung". Selbstwertstarke Menschen sagen, was sie mögen, aber auch was sie stört; man weiß bei ihnen wo man dran ist. Sie reden miteinander und nicht übereinander. Sie sind ein Segen für sich selbst und andere Menschen. Selbstwertschwache Menschen aber auch Menschen mit überzogenem Selbstwert fühlen sich sofort angegriffen. Sie nehmen vorwiegend Negatives von Menschen und Situationen wahr und konstruieren entsprechend negative Wirklichkeiten. Sie haben schnell einen Konflikt und bald hat der Konflikt sie. Denn: „je weiter ein Konflikt eskaliert, d.h. je tiefer wir uns darin verstricken, desto mehr droht

181 Vgl. Glasl, F.: Selbsthilfe in Konflikten, 3. Auflage 2002, S. 22.

er unser ganzes Denken, Fühlen und Wollen zu korrumpieren und unser Handeln zu beherrschen."[182] Selbstwertschwache Menschen tendieren häufig zu unversöhnlichem, rachsüchtigem Verhalten.

Zu diesem Thema die chilenischen Neurobiologen Maturana[183] und Varela: „Alles menschliche Tun findet in Sprache statt. Jede Handlung in der Sprache bringt eine Welt hervor, die mit anderen im Vollzug der Koexistenz geschaffen wird und das hervorbringt, was das Menschliche ist. So hat alles menschliche Tun eine ethische Bedeutung, denn es ist ein Tun, das dazu beiträgt, die menschliche Welt zu erzeugen. Diese Verknüpfung der Menschen miteinander ist letztlich die Grundlage aller Ethik als eine Reflexion über die Berechtigung der Anwesenheit des Anderen."

Auch Menschen brauchen Licht, um „schön zu sein,
um menschlich zu wirken.
Das weißt du von dir selbst.
Du bist ganz anders da,
du fühlst und verhältst dich anders,
wenn einer dir freundlich begegnet,
dir Mut macht,
dich nicht im Schatten stehen lässt.
Dann blühst du einfach auf.
Lässt du auch andere aufblühen?
[Uwe Böschemeyer]

Unser Mensch Sein begreifen: Auf der Basis des sinnzentrierten Menschenbildes können wir unser und anderes Sein begreifen und wertschätzend und Selbstwert stärkend miteinander umgehen. Was wir alle suchen sind echte Begegnungen. Dazu müssen wir aber wissen, wie wir selbst und andere Menschen „ticken". Obwohl wir genetisch einzigartige Individuen sind, verbinden uns doch gemeinsame Bedürfnisse. Wir sehnen uns nach:

- Sinn- und Werteorientierung,
- Respekt, Anerkennung und Wertschätzung,

182 Glasl, F.: a.a.O. S. 35.
183 Maturana, Varelea, a.a.O.: S. 265.

- aufbauender, förderlicher Kommunikation,
- gelingenden Beziehungen,
- wachsendem Selbstwert.

Wenn wir lernen, diese wenigen Bedürfnisse nicht nur für uns selbst einzufordern, sondern auch anderen Menschen zuzugestehen, dann schaffen wir den Quantensprung zu einer besseren Beziehungsqualität in Familien, Schulen und Unternehmen und leisten auch einen großen Beitrag zur Gesunderhaltung.

Entscheidend für gelingende Beziehungen und einen förderlichen Umgang mit anderen Menschen ist die Akzeptanz unserer Ambivalenz; wir werden dann selbst demütiger und bescheidener, auch humorvoller und gehen liebevoller mit unseren eigenen und den Schwächen unserer Mitmenschen um. Wir befreien uns langsam aus der Negativspirale des Zeigefingererhebens, des Abwertens, des Richtens und des besser Wissens. Wir sind in der Lage zu lächeln, wenn es „menschelt" und bleiben trotzdem menschlich. Wir lernen Andersartigkeit anzunehmen, definieren klar unsere Grenzen und versuchen die Grenzen anderer zu respektieren.

Kernsatz

- Wir können auch „nein sagen". Wir wissen um unseren Wert und müssen nicht ständig und unfreiwillig Erwartungen erfüllen, um anerkannt zu werden, denn wir sind nicht auf der Welt, um Erwartungen zu erfüllen, sondern um Sinnvolles zu bewirken. So können wir auch mit überzogenen Erwartungen anderer umgehen und trotzdem gute Beziehungen aufbauen.

Wir müssen auf die Stimme unserer Seele hören,
wenn wir gesund werden wollen.
Letztlich sind wir hier,
weil es kein Entrinnen von uns selbst gibt.
Solange wir uns nicht
in den Augen und Herzen unserer
Mitmenschen begegnen,
sind wir auf der Flucht.
Solange wir nicht zulassen,
dass unsere Mitmenschen an unserem
Innersten teilhaben,
gibt es keine Geborgenheit.
Solange wir uns fürchten durchschaut zu werden,

können wir weder uns selbst noch andere erkennen.
So lange bleiben wir allein.
[Hildegard von Bingen]

Menschen wohlwollend begegnen: Mit einer wohlwollenden Haltung übernehmen wir die Verantwortung für unser Beobachten, Wahrnehmen und Erkennen in dem Bewusstsein, dass wir andere Menschen immer durch unsere ganz subjektive Brille sehen. Wir sind die Konstrukteure unserer Wirklichkeit. Dazu Georg Bernard Shows: „Halte dich sauber und helle, denn du bist das Fenster, durch das du die Welt sehen musst." Wir müssen mit Vorurteilen leben und nehmen sie als einen Teil von uns an. Wir wissen, dass wir anderen Menschen unrecht tun, wenn wir Vorurteilen freien Lauf lassen. Eine innere „Alarmglocke" muss uns bei den ersten Anzeichen warnen, sodass wir uns trotz lauernder Vorurteile neugierig auf Menschen einlassen können und ihnen ressourcenorientiert begegnen. In seiner Ambivalenz kann sich nämlich auch der liebenswürdigste Mensch in bestimmten Situationen vollkommen daneben benehmen. So sieht das auch Erich Frieds zitiert nach B. Hadinger:

Unsere Wahrnehmungsbrille putzen!

„Du hast das Recht zu zweifeln, zu verzagen, die Fassung zu verlieren. Es ist kein Zeichen von Stärke, immer nur stark zu sein..."

Dieses Bewusstsein erlöst uns vom Perfektionswahn und dem „Schubladisieren". Wenn wir uns nämlich gegenseitig aufgrund einer einzigen Verhaltensweise in eine Schublade stecken, uns quasi etikettieren, werden wir uns und unseren Mitmenschen niemals gerecht.

Perfektionswahn und „Schubladisieren" aufgeben!

Ein konstruktivistischer Grundsatz lautet: „Menschen sind nicht, Menschen verhalten sich". Vor diesem Hintergrund können wir auch bei Konflikten Menschen immer eine Chance geben, denn wir begreifen, dass wir nie den ganzen Menschen, sondern immer nur einen Teilaspekt, eine Verhaltensweise sehen.

Einladung zum Nachdenken

„Warnend brachte Frankl den Vergleich mit dem Trinkglas ins Spiel. Auf verschiedene Ebenen projiziert, bildet sich ein Trinkglas widersprüchlich ab: einmal als einen Kreis, einmal als Rechteck – und noch dazu immer als in sich geschlossene Figur. Aber in Wirklichkeit ist ein Trinkglas unendlich mehr als ein Kreis, unendlich mehr als ein Rechteck und nach oben hin offen. Ähnlich ist der Mensch unendlich mehr als seine genetischen und physiologischen Programme,"[184] aber auch unendlich mehr, als das, was wir gerade wahrnehmen.

Wir dürfen Menschen nicht nur an vergangenem Fehlverhalten messen. Dazu George Bernard Show: „Der einzig intelligente Mensch, dem ich je begegnet bin ist mein Schneider. Jedes Mal nimmt er meine Maße neu, während alle anderen mich in die alten Maße hineinpressen und glauben, ich würde da noch hineinpassen." Wenn wir uns angewöhnen im Anderen das Positive zu fokussieren und das Beste zu sehen, dann geben wir dem Positiven Raum und Möglichkeit zur Entfaltung. Wenn wir uns gegenseitig in unseren positiven Handlungen bestärken, werten wir uns gegenseitig auf und favorisieren ein positives, selbstwertstärkendes Miteinander. Viktor Frankl und Johann Wolfgang von Goethe meinen dazu:

„Wenn wir im Anderen das Gute sehen, entdecken wir das Allerbeste in uns selber."
„Wenn wir die Menschen so nehmen wie sie sind, machen wir sie schlechter. Wenn wir sie so sehen, wie sie sein sollten, machen wir aus ihnen das, was sie sein können."

Eine wohlwollende Haltung lässt uns auch mit Menschen, die wir nicht mögen vollkommen anders umgehen; sie kann uns für unsere negativen Projektionen sensibilisieren und achtsamer werden lassen. Sie kann uns helfen, die Schattenseiten in uns zu entdecken, die wir im anderen nicht mögen. Als wohlwollende Menschen freuen wir uns über die Erfolge der anderen, negative Gefühle wie Neid werden dann immer seltener.

Zu diesem Sachverhalt meint der Dalai Lama: „Wenn wir uns eine verantwortungsbewusste und mitfühlende Einstellung anderen gegenüber angewöhnen, könnten wir damit beginnen, jene freundlichere und einfühlsamere Welt zu erschaffen, von der wir alle träumen."

Verantwortung und Mitgefühl für andere entwickeln!

Vor dem Hintergrund der neuesten neurobiologischen Forschungen wäre ein solches Verhalten unserem menschlichen Wesen nicht einmal fremd, denn:

184 Lukas, E.: Der Seele Heimat ist der Sinn – Logotherapie in Gleichnissen von Viktor E. Frankl, 2005, S. 27.

> *„Wir sind – aus neurobiologischer Sicht auf soziale Resonanz und Kooperation angelegte Wesen. Kern aller menschlichen Motivation ist es, zwischenmenschliche Anerkennung, Wertschätzung oder Zuneigung zu finden und zu geben.“*[185]

Je mehr es uns gelingt andere Menschen aufzubauen, in ihnen das Positive zu erkennen, es zu bestärken, sie an unserer Seite wachsen zu lassen, desto mehr wachsen wir selber in unserem Selbstwert. Desto mehr Harmonie entsteht in unserer Seele, desto mehr Glück und Freude verspüren wir und bereichern damit auch die anderen.

Anweisungen für den Tagesanfang:

„Es ist die Sonne aufzuwecken,
damit der Tag anfangen kann.

Es ist die Welt zu betreten,
damit Du wieder ein Anwesender bist,
ein Heimkehrer aus nächtlichem Angstland.
Ein Tagesausflügler? Eher ein Einheimischer!

Verbrauchter Winterschnee
ist aus Deinem Herzen zu räumen,
damit Frühling eintreten kann.
Kein Glatteis gebe es bei Dir.
Für jeden seiest du betretbar
ohne Falle, ohne Gefahr.

Begrüßungen sind einzuüben,
damit Freundlichkeit Platz nehmen kann
an den Tischen der Misstrauischen.

Es sind die Menschen
mit ihren Namen zu nennen,
damit sie geboren werden können.

Es sind die Haltestellen,
die Straßenbahnen, die Wartezimmer
neu zu verstehen als Orte der Hoffnung.

Diese Anweisungen sind genau zu befolgen.“

[Joop Roeland]

---

185 Bauer, J.: Prinzip Menschlichkeit – warum wir von Natur aus kooperieren, 3. Auflage, 2007 S. 21.

Immer wieder den Perspektivenwechsel schaffen!

Den Perspektivenwechsel schaffen: Gelingende Kommunikation und gute Beziehungen erfordern den Perspektivenwechsel. Von unseren Vorstellungen abweichende Wertehaltungen haben, sofern sie ethischen Grundsätzen entsprechen, das gleiche Existenzrecht. Rechthaberei hat da keinen Platz. Dazu ein weiterer konstruktivistischer Grundsatz: „Jeder von uns steckt in seiner eigenen Haut – und keiner von uns weiß, was da draußen ist." Als Selbstgestalter und Lebenskünstler begreifen wir, dass es so viele Wirklichkeiten wie Beobachter gibt. Dies hilft uns im Falle von unterschiedlichen Sichtweisen hinzuhören, um das Problem aus der Sicht des anderen zu erkennen.

Toleranz, Weitsicht und Konzilianz sind also gefragt. Wir sollten lernen nicht nur den Inhalt, sondern auch die Interaktion zu berücksichtigen und Schuldzuweisungen zu vermeiden. Was ich tue und was allein in meinem Kopf vorgeht, kann auch bei bester Absicht für den Anderen eine ganz andere Bedeutung haben. Heute wissen wir: Die Schwierigkeiten bestehen zwischen Menschen, also nicht notwendigerweise nur in einem Kopf."[186]

Mit Kränkungen und Enttäuschungen sinnvoll umgehen: Ob wir wollen oder nicht, wir verletzen uns gegenseitig auch ohne Absicht. Dies zu verstehen, lässt uns menschlicher und versöhnlicher miteinander umgehen. Der Maßstab ist meist unser eigenes Weltbild. Unser Maßstab muss aber nicht für andere Menschen gelten. Konten unseres gegenseitigen Fehlverhaltens in unkonvertierbaren Währungen sollten der Vergangenheit angehören. Viel besser ist es, Gesagtes nicht allzu ernst und uns selbst nicht allzu wichtig zu nehmen und um mit Paul Watzlawick zu sprechen: „Mit den Nullsummenspielchen der Erwachsenen" aufzuhören. Bei Konflikten und Verletzungen können wir als Selbstgestalter und Lebenskünstler auf die Vernichtung des Feindes verzichten und damit viel Leid und Destruktivität vermeiden. Martin Luther King sagte treffend: „Der heutige Mensch kennt zwar die Bibel nicht, aber lebt Tag täglich ein Gesetz des Alten Testamentes: Auge um Auge, Zahn um Zahn. Dieses alte Auge um Auge hinterlässt aber auf beiden Seiten nur Blinde." Wir können die Negativspirale von eskalierenden Konflikten unterbrechen, indem wir folgende Haltung verinnerlichen:

---

186 Vgl. Watzlawick, P.: Wie Manager kommunizieren, in Evolutionäres Management – Antworten auf die Management- und Führungsanforderungen im 21. Jahrhundert, Sonja Radatz, (Hrsg.) 2003, S. 283 ff.

Kernsatz

◆ Wir müssen ernten, was wir sähen, aber wir müssen nicht sähen, was wir ernten. Wenn es uns gelingt über den Verletzungen und den Kränkungen zu stehen und nicht Gleiches mit Gleichem zu vergelten, erreichen wir ein Höchstmaß an menschlicher Stärke und Größe, ermöglichen einen Wachstumsschub unseres Selbstwertes und hinterlassen positive Spuren für alle Beteiligten.

„Wenn es dir möglich ist, die Welt auch nur mit einem kleinen Funken der Liebe zu bereichern, dann hast du nicht umsonst gelebt."

[Jack London]

Einladung zum Nachdenken

Ein Mullah, stolzer Besitzer eines Kahns, lud den Schulmeister eines Dorfes zu einer Bootsfahrt auf dem Kaspischen Meer ein. Behaglich räkelte sich der Schulmeister unter dem Sonnendach des Bootes und fragte den Mullah:" wie wird wohl heute das Wetter werden?" Der Mullah prüfte den Wind, blickte zur Sonne, runzelte die Stirn und sagte: „Wenn du mir fragst, wir kriegen Sturm." Entsetzt rümpfte der Schulmeister die Nase und kritisierte: „Mullah, hast du nie Grammatik gelernt? Das heißt nicht mir, sondern mich." Dafür hatte der Getadelte nur ein Achselzucken übrig: „Was kümmert mir die Grammatik?" Der Schulmeister war verzweifelt: Du kannst keine Grammatik. Damit ist die Hälfte deines Lebens vergeudet." Wie es der Mullah vorausgesagt hatte, zogen am Horizont dunkle Wolken auf, ein starker Sturm peitschte die Wogen und das Boot schwankte wie eine Nussschale. Die Wellen ergossen riesige Wassermengen über das kleine Schiff. Da fragte der Mullah den Schulmeister: „Hast du jemals in deinem Leben schwimmen gelernt?" Der Schulmeister antwortete: „Nein warum sollte ich denn schwimmen lernen?" Breit grinsend gab ihm der Mullah zur Antwort: „Damit ist jetzt dein ganzes Leben vergeudet, denn unser Boot ist gerade dabei zu sinken."

[Nossrat Pesseschkian]

Manager im Visier

„Meine Kultur hat die Selbstachtung gepredigt, das heißt, die Achtung vor dem Menschen durch sich selbst hindurch."

[Antoine de Saint-Exupéry]

Ob Manager gelingend, erfolgreich und gesunderhaltend leben und entsprechende Rahmenbedingungen für ihre Mitarbeiter schaffen, hängt sehr stark von der Art und Weise des miteinander Umgehens ab. Manager können durch ihre Vorbildwirkung und ihre Wertehaltungen die Kommunikation in Unternehmen entscheidend verbessern. Auch in Unternehmen haben Menschen die oben angeführten Bedürfnisse. Resonanzfähigkeit wird in Unternehmen nach genau den gleichen Möglichkeiten erzeugt. Zur primären Aufgabe von Managern zählt es, gemeinsam mit den Mitarbeitern einen wertschätzenden, förderlichen Kommunikationsstil auf gleicher Augenhöhe lebbar und erlebbar zu machen. Dadurch können die vielen destruktiven Verhaltensweisen überwunden und Demotivation verhindert werden. Das Eingehen auf menschliche Urbedürfnisse trägt wesentlich mehr zur Produktivitätssteigerung bei, als alle monetären Anreize. Vor allem eine Kultur der gegenseitigen Wertschätzung und des Fokussierens des Positiven kann Unternehmen energetisieren. So heißt ein Toyota Grundsatz: im Falle von Fehlern nicht nach Schuldigen, sondern nach Lösungen zu suchen. Dieser Grundsatz verhindert Demotivation und favorisiert die kreativen, innovativen Fähigkeiten. Bei der Bewertung von Mitarbeitern sollen sich Manager ihrer möglichen Wahrnehmungsfehler immer wieder bewusst werden, um Minderleistungen nicht als Folge falscher Bewertungen von Mitarbeitern als selbsterfüllende Prophezeiung hinnehmen zu müssen. Die französischen Wissenschaftler Manzoni und Barsoux[187] haben in ihrem Buch das Versager Syndrom dieses Phänomen dargestellt. Werden Menschen als leistungsschwach abqualifiziert, verhalten sie sich auch dementsprechend, und zwar unabhängig von ihren tatsächlichen Fähigkeiten, ist das Ergebnis ihrer langjährigen Forschungen.

Hanno Beck[188] empfiehlt Managern in diesem Zusammenhang: „Sich in ihrer Meinung beirren zu lassen, um nicht dazu zu neigen, Informationen selektiv aufzunehmen, so dass sie in ein vorgefertigtes Weltbild passen.

187 O.V.: Der Chef als Motivationskiller, in Wirtschaft und Weiterbildung, Januar 2007 S. 20 ff.

188 Vgl. Beck, H.: Wie sich Manager täuschen – Wahrnehmungsfallen, in managerSeminare, Heft 126 September 2008, S. 26 ff.

Einladung zum Nachdenken

Worte können Menschen anstacheln, aufregen, ärgern, verletzen, trennen, ins Herz treffen, umhauen.
Worte können Menschen packen, aufrütteln, umstimmen, trösten, überzeugen, erfreuen, ergreifen, aufrichten, verführen, verunsichern, beruhigen.
Worte können einen Menschen in Wut bringen, Balsam für seine Seele sein, wie im reinigenden Gewitter auf ihn wirken, ihn wie einen Keulenschlag treffen, Worte können klären. **[Uwe Böschemeyer]**

Top 7: Nicht stehen bleiben

„Der Erfolg ist ein Gauner, dem man nicht trauen darf."

[Hans Hinterhuber]

Es ist schön erfolgreich zu sein, aber es lauern auch Gefahren: sich auf seinen Lorbeeren auszuruhen und träge zu werden. Frankl meint zurecht, dass der Mensch nicht Homöostase, sondern Spannung aus dem Bogen von Sein und Sollen braucht, die gleichsam die *„Würze des Lebens"* darstellt. Wenn wir mit dem aktuellen unvollkommenen Status Quo zufrieden sind, fehlt uns jeglicher Anreiz zur Verbesserung und zur kreativen Suche nach neuen Möglichkeiten.

Einladung zum Nachdenken

„Eine Rasierklinge sah eines Tages, wie die Sonne auf ihrer Oberfläche funkelte. Voller Stolz beschloss sie, nicht mehr zur Arbeit beim Barbier zurückzukehren, und suchte sich ein ruhiges Versteck. Als sie jedoch nach ein paar Monaten wieder ans Tageslicht trat, stellte sie fest, dass all der Glanz verschwunden war, weil eine Rostschicht sie bedeckte.

Wie die Rasierklinge, so muss auch der menschliche Geist ständig benutzt werden, um nicht den hässlichen Rost der Ignoranz anzusetzen.[189]

189 Klein, St.: Dürfen wir kurz stören, Leonardo da Vinci? In Zeit Magazin, Nr. 42 vom 9. 10. 2008, S. 28

Kernsatz

- Erfolg versprechend ist eine Haltung zwischen Dankbarkeit für das was ist, was erreicht wurde, und konstruktiver Unruhe nach dem Motto: „Was könnte trotzdem noch verbessert werden, wo gibt es noch Potenziale, was ist noch drinnen?“
  Jede nachhaltige Veränderung kommt von innen. Sie beginnt im Geist, in einer Erweiterung unseres Bewusstseins.

Der amerikanische Psychologe Mihaly Csikszentmihalyi ist mit seinen Studien über die Glückserlebnisse von mehr als 100.000 Menschen rund um die Welt bekannt geworden.[190] Die Ergebnisse dieser Studien belegen die These Frankl's vom Spannungsbogen zwischen Sein und Sollen.

„Glücksgefühle widerfahren uns nicht einfach – entgegen dem, was die meisten Menschen glauben. Vielmehr sind sie etwas, das wir geschehen machen und das sich daraus ergibt, dass wir *unser Bestes tun.* Das Gefühl des erfüllt Seins, das sich einstellt, wenn und weil wir unsere Möglichkeiten ganz ausschöpfen, bewirkt Differenzierung und Weiterentwicklung. Das Aufgehen im eigenen Tun ist Freude und Genuss – das beschwingende Gefühl ganz und gar lebendig zu sein.“[191] Glück hat etwas mit Anstrengung, mit harter Arbeit zu tun.[192]

Die reinste Form der von Csikszentmihalyi untersuchten Glückserlebnisse taufte er „Flow-Erlebnisse“ und beschrieb sie als völliges Hingegebensein an eine selbst gewählte oder zumindest bejahte Aufgabe, von deren Sinn man überzeugt ist und bei deren Erfüllung es wie von selbst aus einem heraus fließt. Er bewies folgendes: *Eine wesentliche Voraussetzung für das Zustandekommen solcher Flow-Erlebnisse ist ein ausgewogenes Verhältnis zwischen den Anforderungen, die eine Aufgabe stellt, und den Fähigkeiten einer Person, die diese Aufgabe übernimmt.*

Sind diese Anforderungen zu hoch, entwickelt die Person Angst-, Stress- und Versagensgefühle. Sind die Anforderungen zu niedrig, fühlt sich die Person gelangweilt und am falschen Platz eingesetzt.[193]

---

190 Vgl. Lukas, E.: a. a. O. 2008, S. 24.

191 Csikszentmihalyi, M.: Flow im Beruf – Das Geheimnis des Glücks am Arbeitsplatz, 2. Auflage 2004, S. 56.

192 Ebenda.

193 Vgl. Lukas, E.: a. a. O. 2008, S. 24.

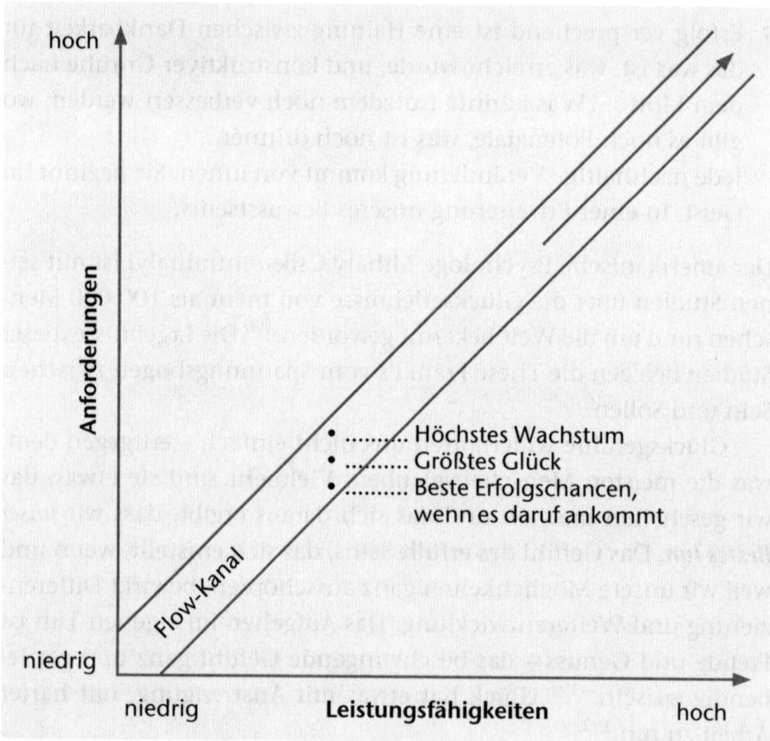

Abbildung 22: **Zusammenhang zwischen Leistungsfähigkeit, Anforderung und Glück**[194]

Aus Abbildung 22 ist erkenntlich, was sich zwischen den Grenzbereichen des Flow-Kanals abspielt. Im oberen Bereich des Kanals, Richtung „hohe Anforderungen", ist erfahrungsgemäß das stärkste geistig-seelische Wachstum einer Person zu verzeichnen.

Genau in der Mitte des Flow Kanals sitzt laut Csikszentmihalyi das Glück. Dort ist die Sinnerfüllung am intensivsten.

Die logische Konsequenz: bei steigender Leistungsfähigkeit durch Erfahrungen und Lernprozesse müssen die Anforderungen automatisch gesteigert werden, damit nicht Langeweile und Apathie, anstelle des Glückes, der Sinnerfüllung und des Persönlichkeitswachstums entstehen. Auch die permanente Auseinandersetzung mit der Frage: „Was könnte noch besser sein, fördert unsere Leistungsfähigkeit und unser Wachstum. Wir sollten den Erfolg also nicht als Ruhebett sondern als Sprungbrett begreifen.

---

194 Lukas, E.: a. a. O. 2008, S. 25 in Anlehnung an Csikszentmihalyi.

„Es steht uns immer frei, entsprechend jener Zukunft zu handeln, die wir uns schaffen wollen." **[Heinz von Foerster]**

Einladung zum Nachdenken

Manche Stolpersteine geben sich im Nachhinein als kluge Wegweiser zu erkennen. Unausweichlich führen sie einen fälligen Richtungswechsel herbei, rütteln verschlafene Gewohnheiten unsanft wach.
Verändern die Sichtweise auf Gott und die Welt, schärfen den Blick für die Sackgassen der Bequemlichkeit, schaffen Aufmerksamkeit und schmerzliches Bewusstsein für die eigene Unvollkommenheit. So gesehen sind sie ein Segen. **[Angelika Wolf]**

Manager im Visier

„Der Mensch übersteigt unendlich den Menschen." **[Blaise Pascal]**

Glücks- und Sinnerfahrungen stiften!

Als Manager können Sie sich selbst und ihre Mitarbeiter maximal fördern und zu Sinn- und Glückserfahrungen beitragen, wenn Sie der individuellen Leistungsfähigkeit entsprechend angemessene Anforderungen an sich selbst und die Mitarbeiter stellen. Nimmt durch entsprechende Förderung die Leistungsfähigkeit zu, erhöhen Sie in gleichem Ausmaß die Anforderungen. Wenn Sie gute Leistungen und die Stärken Ihrer Mitarbeiter immer wieder hervorheben und anerkennen, entsteht ein Klima der konstruktiven Unruhe. Die Mitarbeiter werden zu Mitdenkern und Mitgestaltern und so in einen permanenten Verbesserungsprozess integriert. Ein Erfolgskriterium für diese Strategie könnte zum Beispiel die Zahl der von den Mitarbeitern eingebrachten Verbesserungsvorschläge sein. Folgende Fragestellungen tragen dazu bei, die interne Qualität im Sinne eines Verbesserungsdenkens bei allen Unternehmensmitgliedern zu gewährleisten:

Sinnfragen

- Wie könnten wir unsere Kernkompetenzen noch mehr nutzen, um unseren Kunden noch mehr Nutzen zu stiften?
- Warum sollte es unser Unternehmen in 10 Jahren noch geben?
- Wie könnten wir unsere Originalität noch besser ausleben?
- Was könnten wir tun, damit wir unser Bestes geben und unsere mentalen Grenzen überwinden?

- Bestärken wir uns gegenseitig ausreichend für unsere kreativen Ideen?

„Im Leben gilt es aber überhaupt niemals, auf irgendwelchen Lorbeeren zu ruhen, sich mit dem Erreichten jemals zu begnügen.
Das Leben mit seinen immer wieder neuen Fragen an uns, lässt uns eigentlich nie zur Ruhe kommen.
Wer stehen bleibt, wird überholt, und wer da selbstzufrieden ist, verliert sich selbst.
Weder als Schaffende noch als Erlebende dürfen wir uns also mit dem jeweils Erreichten begnügen.
Jeder Tag, jede Stunde macht neue Taten nötig und neue Erlebnisse möglich."

[Viktor Frankl]

7. Wie man garantiert krank, erfolglos und unglücklich wird

◆

„Der Mensch hat drei Wege klug zu handeln.
Erstens durch Nachdenken: Das ist der edelste.
Zweitens durch Nachahmen: Das ist der leichteste.
Drittens durch Erfahrung: Das ist der bitterste."

[Konfuzius]

- Befolgen Sie die Empfehlungen des Herrn Konfuzius am besten so, dass Sie zunächst konsequent nachahmen und das Denken tunlichst vermeiden; dann sind Ihnen zahlreiche bittere Erfahrungen garantiert!
- Überlassen Sie die Verantwortung für Ihre Gesundheit Ihrem Arzt, er kassiert ja schließlich dafür!
- Beim Arztbesuch verlangen Sie sofort viele kostspielige, technische Untersuchungen, damit ja nichts übersehen wird; Gespräch und körperliche Untersuchung sind Methoden des finsteren Mittelalters und eines professionellen Arztes unwürdig! Lassen Sie sich nicht billig abspeisen; mindestens ein Rezept für ein teures Medikament muss sein, dafür zahlen Sie ja schließlich Krankenkassenbeiträge!
- Noch besser ist es, dem Hausarzt zu mistrauen und beim geringsten Unwohlsein gleich zu den verschiedenen Fachärzten zu gehen; so sind viele Paralleluntersuchungen gewährleistet und Sie sind beschäftigt. Denn schon Voltaire erkannte mit klarem Blick, dass es „Hauptaufgabe des Arztes sei, den Patienten so lange zu unterhalten, bis die Natur ihn von selbst heilt"!
- Wenn unprofessionelle Schulmediziner Ihren Beschwerden keine organische Krankheit zuordnen können und in ihrer Verlegenheit und Unwissenheit von Funktionsstörungen oder psychosomatischen Beschwerden faseln und Ihnen gar zumuten, Ihren Lebenswandel zu überdenken und zu korrigieren, ergeben Sie sich nicht Ihrem Schicksal, es gibt Alternativen! Die Komplementärmedizin bietet neben plausiblen diagnostischen Methoden des so glücklichen Mittelalters wie Handauflegen, Wünschelrute, Zungen- und Pulsdiagnostik heute ebenfalls High-Tech: Computer, die „feinstofflich" die Energieströme und

deren Blockaden messen und viel schöne bunte Grafiken ausdrucken, die der kompetente Heiler mit sorgenvoller Miene und Kopf schüttelnd interpretiert; endlich hat „es jemand verstanden" und Ihre Odyssee hat ein glückliches Ende. Die nun folgenden komplizierten und aufwendigen Diäten und alternativmedizinischen Therapiepläne erfordern ihr volles Engagement; Fehler sind vorprogrammiert aber unverzeihlich; schließlich geht es ja um Ihre Gesundheit! Wenn es nicht hilft, sind Sie also selbst schuld! Im Übrigen ist das oben erwähnte Zitat von Voltaire auch in diesem Zusammenhang durchaus zutreffend und erklärt so manche „Wunderheilung".

- Vermeiden Sie konsequent jede Bewegung, das nutzt die Gelenke ab ; benutzen Sie die eingesparte kostbare Energie, um sich durchs Fernsehen oder Internet zu „zappen" und Sportlern bei ihren Schweiß treibenden Geschäft zuzujubeln; denn die werden ja schließlich dafür bezahlt. Im Übrigen eignet sich der facettenreiche Profisport für Sie als Zuschauer durchaus auch als Religionsersatz!
- Sollten Sie sich vom „Mainstream" doch noch mitreißen lassen und ein spät berufener Sportler werden, rüsten Sie sich zunächst mit einem teuren Outfit aus. Streben Sie konsequent und mit allen, auch pharmakologischen Mitteln Höchstleistungen an; ein Marathon oder auch der Gipfel des Mount Everest sollten es schon sein. Wenn Sie auf dem Weg zum Gipfel schwächeln, stehen Heerscharen von glücklichen Sherpas bereit, um Sie diskret hoch zu schleppen; der Gipfelsieg ist garantiert und ihr Leben hat endlich wieder einen Sinn!
- Schaffen Sie Ihre Küche bis auf eine Mikrowelle und Plastikgeschirr (Einmalartikel!) ab; wenn Sie sich konsequent von Produkten der industriellen Gourmet Küche ernähren, sparen Sie viel Zeit; für die notwendigen Zwischenmahlzeiten bedienen sie sich der zahlreichen Angebote von Bäckern, Wurstbuden, Pizza und Döner Ständen sowie Fast Food Restaurants. Nach Geschäftsschluss bieten sich auch die zahlreichen Großtankstellen zum Kalorien- und Alkoholtanken an. Essen Sie möglichst permanent, hastig, im Stehen oder Laufen; lesen Sie gleichzeitig die Zeitung oder schauen Sie Fernsehen; die Lebenszeit muss optimal genutzt werden!
- Sollte Sie irgendwann das schlechte Gewissen plagen, können Sie alles wieder gut machen und konsequenter Bio-Freak, am besten

Veganer oder Rohköstler, werden. Dann überlegen Sie sich bitte jedes Mal, wenn Sie sich Nahrung (auf keinen Fall genussvolles Essen!) in den Mund stecken, ob das auch gesund ist und Sie nicht vergiftet. Kämpfen Sie mit allen Mitten darum, dass Sie die Ihnen zustehende, quasi garantierte Lebenserwartung auch erreichen, und Sie relativ gesund sterben!

- Erkennen Sie die Gefahr der weit verbreiteten Mangelzustände an Vitaminen, Mineralien und Spurenelementen für die Volksgesundheit und bedienen Sie sich der entsprechenden Nahrungsergänzungsmittel in Höchstdosen! Ist die Aufnahme dieser Präparate im Darm nicht gewährleistet, weil Sie an einem Darmpilz leiden, lassen Sie sich Infusionen verabreichen!
- Beobachten Sie sich jeden Morgen kritisch im Spiegel und registrieren Sie verzweifelt Ihren Alterungsprozess. Lehnen Sie sich gegen das Schicksal auf und bedienen Sie sich mit Ihrem vollen zeitlichen und finanziellen Engagement der segensreichen Angebote der „Anti- Aging“ Industrie; im 21. Jahrhundert ist alles machbar!
- Fürchten Sie sich rechtzeitig vor dem Tod!
- Informieren Sie sich über die neusten Trends beim Thema Sex; rüsten Sie auf, um ja nichts zu versäumen. Machen Sie sich kundig, was weltweit in Betten, Fahrstühlen, Küchen, Kellern, Parks und Swimming-pools „alles so abgeht“, damit Sie ja nicht glauben, ein glückliches Sexualleben zu führen. Wenn Sie als Mann schwächeln, bedienen Sie sich der blauen Pille; sollte Ihre Partnerin diese sexuelle Renaissance nicht mitmachen wollen oder können, leidet sie mit Sicherheit am „sexual dysfunction syndrom“ und sollte sich schleunigst behandeln lassen!
- Führen Sie ein Leben auf der Überholspur, sodass Sie sicher nichts versäumen!
- Versuchen Sie Ihrem Leben so viel Lust als möglich abzugewinnen, denn nur dann sind Sie ein glücklicher Mensch!
- Versuchen Sie echter Bildung und seriöser Information aus dem Weg zu gehen, das verwirrt nur und könnte viele Vorurteile unnötig erschüttern!
- Lassen Sie sich permanent beraten, trainieren und optimieren, nur so können Sie den Status des Gewinnertyps erreichen!
- Setzen Sie Ihre Interessen rücksichtslos durch, huldigen Sie dem Gesetz des Stärkeren; in der Jugend ist man zwar noch ein naiver

Idealist, aber in dieser Gesellschaft kann man auf Dauer einfach nicht fair und gerecht sein, ohne unterzugehen!

- Wenn es trotz dieser Empfehlungen mit der Karriere nicht klappt, Sie also zu den Verlierern gehören, bedauern Sie sich abgrundtief: Sie sind als Pechvogel auf die Welt gekommen, der Erfolg hat Sie immer schon stiefmütterlich behandelt; bei diesen Genen, Eltern, Lehrern und miesen gesellschaftlichen Bedingungen konnte ja nichts aus Ihnen werden!
- Fordern Sie so viel wie möglich, denn nur wer mehr fordert, bekommt mehr!
- Betrachten Sie materiellen Besitz als oberste Priorität; machen Sie, falls nötig, Schulden um die Symbole des Reichtums präsentieren zu können; denn nur dann sind Sie gesellschaftlich anerkannt und finden viele echte Freunde fürs Leben!
- Lassen Sie keinen Streit aus, nur „Weicheier" geben nach!
- Bedienen Sie sich Ihrer Mitmenschen nur unter dem Aspekt ihrer Zweckmäßigkeit!
- Fragen Sie sich immer wieder, was die Anderen für Sie tun müssen, denn Sie haben ein Recht darauf, gut behandelt und gefördert zu werden!
- Scheuen Sie jede Veränderung, riskieren Sie nichts!
- Tun Sie grundsätzlich nichts Gutes, man wird ohnehin nur enttäuscht!
- Schauen Sie immer auf die vielen Dinge, die Ihnen fehlen, dann haben Sie jeden Grund unglücklich zu sein und sich permanent zu ärgern!
- Versuchen Sie konsequent das Negative zu fokussieren, denn die Welt ist böse!
- Wenn Ihnen das Negative nicht sofort auffällt, seien Sie besonders vorsichtig, da steckt bestimmt etwas dahinter!
- Trauen Sie Ihren Freunden und anderen Menschen grundsätzlich nicht, denn die denken ohnehin alle nur an sich!
- Versuchen Sie ein echter Lebenskünstler zu werden, so wenig wie möglich zu leisten, aber so viel wie möglich zu genießen! Zum Genießen sind Sie auf der Welt, alles Andere ist unwichtig!
- Wenn sie negative Gefühle plagen, suchen Sie konsequent einen Schuldigen und bedauern sich; denn Sie sind etwas besonderes, dürfen daher auch sehr sensibel sein und das haben gefälligst alle Mitmenschen zu berücksichtigen!

- Kommunizieren Sie laut und deutlich und schreien Sie auch mal; so ist immer klar, wer der Häuptling und wer die Indianer sind. Seien Sie hemmungslos launisch und unberechenbar, denn nur die Angst schafft Respekt.
- Überlegen und beobachten Sie genau, welche Personen Sie heute verletzt haben könnten und reagieren Sie sofort; denn schon in der Bibel wird empfohlen: Auge um Auge, Zahn um Zahn!
- Überlassen Sie die Erziehung Ihrer Kinder gesellschaftlichen Institutionen wie Kindergarten und Schule; vermeiden Sie jeden Konflikt, Ihre Kinder haben immer recht! Erfüllen Sie jeden Wunsch, Sie sind schließlich die Freunde Ihrer Kinder. Passen Sie sich auch äußerlich an die Jugendkultur an (Mode, Piercing und Tatoo), Ihre Kinder werden begeistert sein, so „coole" Eltern zu haben.

Wir hoffen, liebe Leserin und lieber Leser, Sie haben jetzt herzlich gelacht und Ihnen sind manche der in diesem Buch geschilderten Zusammenhänge noch mal so richtig bewusst geworden. Dann haben wir unsere Absicht mit den Mitteln des Humors und in Anlehnung an Frankl's logotherapeutische Methode der „paradoxen Intention" noch effizienter erreicht. Durch das Belächeln der oben geschilderten eigentlich unerwünschten Verhaltensweisen gewinnen Sie eine Distanz, die die Objektivierung der Situation ermöglicht und durch Vorführen der Absurdität zur erwünschten Einsicht führt.

Literaturverzeichnis

◆

Achtner, W.: Ethik und Lebenskunst – Naturwissenschaft und der Traum, einen besseren Menschen zu schaffen, in: Die Kunst sinnvoll zu leben, Wolfram Kurz (Hrsg.), Tübingen 2008

Antonovsky, A.: The development of a sense of coherence scale and its impact on responses to stress situations, 1984

Arneds, M.: Epidemiologie bulimischer Symptomatik unter 10-Klässlern in der Stadt Halle [Elektronische Ressource]/(2005)

Babyak, M./Blumenthal, J. A./Herman, S. et al.: Exercise treatment for major depression: maintenance of therapeutic benefit at 10 months. Psychosom Med 2000;62:633–638

Bahnsen, U.: Erbgut in Auflösung, „DIE ZEIT" Nr. 25, 2008

Bamberger, Ch.: Besser leben, länger leben 2006

Bateson, G.: Ökologie des Geistes, 1985

Bartens, W.: Die Krankmacher, 2005

Bauer, J.: Prinzip Menschlichkeit – warum wir von Natur aus kooperieren, 3. Auflage, 2007

Beck, H.: Wie sich Manager täuschen – Wahrnehmungsfallen, in mangerSeminare, Heft 126 September 2008

Boerner, R. J.: Angsterkrankungen, Diagnose und Therapie aus hausärztlicher Perspektive, in: MMW Sonderheft 2 2006

Borges, J. L.: Psychologie heute, Heft 7, 2008

Böschemeyer, U.: Das Leben meint mich, Meditationen für den neuen Tag, 2001

Böschemeyer, U.: Vom Typ zum Original – Die neun Gesichter der Seele und das eigene Gesicht, 2005

Böschemeyer, U./Van Capellen, M.: Bei sich beginnen, 17 Wege zum Glück, 2007

Böschemeyer, U.: Worauf es ankommt – Werte als Wegweiser, 2003

Böswald, A.: Macht über das Ich – Führungsethik einer neuen Generation, 2001

Bühren, A. et al: Psychische Erkrankungen: Alle Fachgebiete sind gefordert, in: Dtsch. Ärzteblatt 2008

Carta, F.: Franco D'Andrea Profumo di swing: 2007.

Cesaroni, G. et al.: Effect of the Italian Smoking Ban on Population Rates of Acute Coronary Events. 2008, Circulation.

Corssen, J.: Der Selbstentwickler, 2003

Csikszentmihalyi, M.: Flow im Beruf – Das Geheimnis des Glücks am Arbeitsplatz, 2. Auflage 2004

DGE aktuell: Deutschland ist kein „Vitaminmangel-Land" 9. 9. 2003

DGE aktuell: Deutschland ist kein „Vitaminmangel-Land" 2003

Doskoch, P.: Das Geheimnis des Erfolges: der lange Atem, in Psychologie heute, Mai 2006

Drucker, P.: Die Kunst sich selbst zu managen, in Harvard Business Manager 5/1999

Eichhorn, Ch.: Erfolgreich durch positive Emotionen, – Gefühlsmanagement für den Job, in managerSeminare, Heft 123, Juni 2008

Engel, A.: Wie viel Unsicherheit vertragen Arzt und Patient?, Akademiegespräche 2006 der Südtiroler Akademie für Allgemeinmedizin, 2006

Ernst, E.: Praxis Naturheilverfahren. 2001.

Fortshuber, M.: Das teure Geschäft mit der ewigen Jugend. Trend 9/2008

Frankl, V. E./Kreuzer, F.: Im Anfang war der Sinn – von der Psychoanalyse zur Logotherapie: Ein Gespräch, 4. Auflage, Wien, 1997

Frankl, V. E.: Das Leiden am sinnlosen Leben, 8. Auflage, Wien, 1997

Frankl, V. E.: Das Leiden am sinnlosen Leben, Psychotherapie für heute, 19. Gesamtauflage, Wien, 1977

Frankl, V. E.: Der leidende Mensch, Anthropologische Grundlagen der Psychotherapie, 2. Auflage, Bern, 1996

Frankl, V. E.: Der Mensch vor der Frage nach dem Sinn, 10. Auflage, München, 1998

Frankl, V. E.: Der Wille zum Sinn, 4. Auflage, München, 1997

Frankl, V. E.: Die Sinnfrage in der Psychotherapie, 4. Auflage, München, 1992

Frankl, V. E.: Logotherapie und Existenzanalyse – Texte aus sechs Jahrzehnten, Weinheim u. a., 2002

Gartz, H.: Führung und Führungsmechanismen, Seminarunterlage 2006

Glasl, F.: Selbsthilfe in Konflikten, 3. Auflage 2002

Gräb-Schmidt, E.: Kunst als Lebenskunst – Religion und Kunst als Aspekte der Lebensgestaltung, in Die Kunst sinnvoll zu leben, Wolfram Kurz (Hrsg.), Tübingen 2008

Hadinger, B.: Armes Opfer oder faszinierende Frau? – Entrümpelung destruktiver Gedanken, in ORF Vorarlberg, Studioheft, 46, 2006

Hadinger, B.: Psychologie und Lebenskunst – Persönlichkeitsbildung im Horizont von Herausforderung und Antwort –, in Die Kunst sinnvoll zu leben, W. Kurz (Hrsg.), Tübingen 2008

Hadinger, B.: Haben Sie Lust zu Selbsterziehung – das Geheimnis charakterstarker Persönlichkeiten, Tübingen-Berlin 2008

Hadinger, B.: Kindern Mut machen – Selbstwertgefühl und Persönlichkeit von Kindern und Jugendlichen stärken, in Mut in Zeiten der Resignation – Betrachtungen zur Bestimmung des Menschen, (Hrsg,) Hadinger, B., Tübingen 2004

Hahn, A. et al.: Ernährung, 2006.

Handy, Ch.: Die anständige Gesellschaft – Die Suche nach dem Sinn jenseits des Profitdenkens, München, 1998

Hauner, H. et al.: Prävention und Therapie der Adipositas 2007

Himmelreicher, R. et al: Die ferne Lebenserwartung von Rentnern und Pensionären im Vergleich. Mitteilungen 5/2008

Hinterhuber, H. H.: Manager sind oft Soziopathen, in Tiroler Tageszeitung, 15. 12. 2007

Hinterhuber, H. H.: Leadership, Frankfurt a. M. 2003

Hürter, T. et al.: Wie gesund ist Sport wirklich? ZEIT Wissen 2008

International Society of the Study of Obesity. Europastudie der 2007

Klare, W. R.: Bewegung gehört dazu wie das Zähneputzen MMW-Fortschr. Med. Nr. 19/2007

Klein, St.: Dürfen wir kurz stören, Leonardo da Vinci? In Zeit Magazin Nr. 43 vom 9. 10. 2008, S. 28

Kolbe, Ch.: Gesundheit als Fähigkeit zum Dialog, in Existenzanalyse, 2+3, Oktober 2001

Kolbe, Ch.: Sinn und Glück – zur vitalen Bedeutung der Sinnfrage, in Existenzanalyse, Heft 2, 2000

Kuhl, J.: Die Kunst der Selbstmotivierung, Neue Erkenntnisse der Motivationsforschung praktisch nutzen, 2. Auflage, 2005

Kunde, U.: Zöliakie- nur die Spitze des Eisbergs? Wissenschaft und Praxis 1/04

Kurz, W.: Zur Entwicklung der Widerstandsfähigkeit in Zeiten der Resignation – Aspekte der Förderung von Persönlichkeit, in Kurz,

W.:/Klosinski, G.: (Hrsg.) Sinn in Zeiten der Resignation, Tübingen, 2003,

Kurz, W.: Einführung in die sinnzentrierte Psychotherapie Viktor Frankls in: Sinn in Zeiten der Resignation, Kurz, W./Klosinski, G. (Hrsg.) Tübingen, 2006

Kurz, W.: Glück und Lebenskunst – philosophische und psychologische Anmerkungen zum Thema „Glück, in Die Kunst sinnvoll zu leben, (Hrsg.) W. Kurz, Tübingen, 2008

Kurz, W.: Programmschrift des Instituts für Logotherapie und Existenzanalyse an der Universität Gießen, 2003

Kurz, W.: Theologie als Lebenskunst – Der Zusammenhang von Glaube und Lebensführung, in: Die Kunst sinnvoll zu leben, (Hrsg.) Kurz, W., Tübingen 2008

Längle, A.: Anleitung zur Sinnsuche, Vortragsunterlage, Sommer 1989

Längle, A.: Sinnvoll Leben – Wegweiser zum Leben, 2. Auflage St. Pölten – Wien, 1989

Längle, A.: Kongressbroschüre, Vorarlberg, Herbst 2008

Lay, R.: Weisheit für Unweise, 2000

Lay, R.: Wie man sinnvoll miteinander umgeht,, 1992

Leuzinger-Bohrleber, M. et al.: ADHS Frühprävention statt Medikalisierung, 2006

Lukas, E.: Den ersten Schritt tun, Konflikte lösen, Frieden schaffen 2008

Lukas, E.: Der Seele Heimat ist der Sinn – Logotherapie in Gleichnissen von Viktor E. Frankl, 2005

Lukas, E.: Lebensstil und Wohlbefinden – Logotherapie bei psychosomatischen Störungen, München, 1999

Lukas, E.: Lehrbuch der Logotherapie, 1998

Lukas, E.: Rendevouz mit dem Leben, 2000

Lütz, M.: Lebenslust: Wider die Diät-Sadisten, den Gesundheitswahn und den Fitness-Kult 2005

Lütz, M.: Vom Gesundheitswahn zur Lebenslust, in Studioheft 46, ORF, Radio Vorarlberg, Herbst 2006

Martens, U. J./Kul, J.: Die Kunst der Selbstmotivierung, Neue Erkenntnisse der Motivationsforschung praktisch nutzen, 2. Auflage, 2005

Matheis, R.: Leadership Revolution – Aufbruch zur Weltspitze mit neuem Denken, Frankfurt, 1995

Maturana, H./Varela, F.: Der Baum des Erkennens – die biologischen Wurzeln menschlichen Erkennens, 1987

Maxeiner, D./Miersch, M.: Biokost und Ökokult,2008.

Mesnaric, C.: Der Weg zur multiplen Meisterschaft, Aristoteles in de Serie Philosophie für Manager, in mangerSeminare, Heft 107, Januar 2007

Meir, J. et al.: Primary Prevention of Coronary Heart Disease in Women through Diet and Lifestyle, New English Journal of Medicine (2000)

Meyer, R.: Epidemiologie – Neue Daten: Raucher sterben zehn Jahre früher. Dtsch Ärztebl 2004; 101(30)

MMW Fortschr Med 2008;150(9): 23

Morgan, L. u. a.: Wie Sie Ihre Stärken besser ausspielen, in Harvard Business Manager, April 2005

o. V.: Der Chef als Motivationskiller, in Wirtschaft und Weiterbildung, Januar 2007

o. V.: Das ausgebrannte Unternehmen – organisationales Burnout, in mangerSeminare, Heft 125, August 2008

o. V.: MMW Fortschritte der Medizin Band 23, 2008

o. V.: Modernes Leben: Das bin ich 100 prozentig ICH, in Focus, Nr. 27, 30. 6. 2008

Pape, D. et al.: satt, schlank, gesund, 2003

Pape, D./Schwarz, R./Gillessen, H.: Gesund, vital, schlank, 2001

Peseschkian, N.: Wenn du willst, was du noch nie gehabt hast, dann tu, was du noch nie getan hast, 8. Auflage, 2004

Pieper, A.: Gelassenheit: Die eigene Mitte finden, in Psychologie heute, August, 2004

Pircher-Friedrich, A.: zitiert nach Volk, H.: Angriff auf das soziale Selbst in Arzt und Krankenhaus, 6/2007

Pircher-Friedrich, A.: Mit Sinn zum nachhaltigen Erfolg – Anleitung zur werte- und wertorientierten Führung, überarbeitete zweite Auflage, Berlin 2007

Pircher-Friedrich, A: Sinn-orientierte Unternehmensführung in Dienstleistungsun- ternehmen – ein ganzheitliches Führungskonzept, Augsburg 2001

Pollmer, U.: Lexikon der populären Ernährungsirrtümer; 2000

Rampersad, H. K.: Personal Balanced Scorecard, 2006,

Richter, H. E.: Die seelische Krankheit Friedlosigkeit ist heilbar, 2008

Riemeyer, J.: Die Logotherapie Viktor Frankls und ihre Weiterentwicklungen, 2007

Robert Koch Institut Berlin, KiGGS Studie 2007 Arneds M.: Epidemiologie bulimischer Symptomatik unter 10-Klässlern in der Stadt Halle 2005

Rosenberg, M. B.: Gewaltfreie Kommunikation – aufrichtig und einfühlsam miteinander sprechen, 2001

Schneider, M.: Wie erkenne ich gute Lebensmittel, 2006

Schulze, G.: Kulissen des Glücks, Streifzüge durch die Eventkultur, 2. Auflage, 2000

Statistisches Bundesamt Berlin

Storch, M.: Welcher Entscheidertyp sind Sie? In Harvard Business Manager, April 2006

Takeuchi, H. u. a.: Was Toyota besonders macht, in Harvard Business Manager, September 2008

Tilscher, H./Eder, M.: Die Wirbelsäulenschule aus ganzheitsmedizinischer Sicht 2007

Tilscher, H.: Zitat anlässlich des Refresher Kurs für Manuelle Medizin Pörtschach 2006

Volk, H.: Angriff auf das soziale Selbst: in Arzt und Krankenhaus, 6/2007

Walsch, N.: Ganzheitlich Leben, 2000

Watzlawick, P.: Wie Manager kommunizieren, in Evolutionäres Management – Antworten auf die Management- und Führungsanforderungen im 21. Jahrhundert, Sonja Radatz, (Hrsg.) 2003

Watzlawick, P.: Wenn du mich wirklich liebtest, würdest du gerne Knoblauch essen, 4. Auflage 2007

Watzlawick, P.: Anleitung zum Unglücklichsein, 2008

Weig, M.: Keine Angst vor Candida „ Der Tagesspiegel" Berlin 11. 12. 2005

Wielens, H.: Manager auf der Sinnsuche, Spiritualität im Business, in: mangerSeminare, Oktober, 2006

Zylka-Menhorn, V.: Amalgam-Studie ohne eindeutige Ergebnisse Deutsches Ärzteblatt 2008

Internetquellen

http://www.welt.de/wissenschaft/article1499222/Auslegungssache_wer_ist_wirklich_gesund.html; 28. 7. 2008

www.misterinfo.de/071011/zaubersprueche-zur-wunscherfuellung; 29. 7. 2008 www.aerzte-bl.ch/extern/HTML/der_arzt_raet/operationen/nachwirkungen.html. Nachwirkungen nach Narkosen, ein echtes Problem?; 6. 8. 2008

www.forum-gesundheitspolitik.de/dossier/index602.htm; 21. 9. 2005

www.dgsp.de/wissen_heute/empfehlungen/adipositas.html; 29. 8. 2008

www.bfo-aktuell.de/wot2003/4.html. Osteoporose: Bewegung und Sport zur Vorsorge und in der Rehabilitation; 29. 8. 2008

www.ard.de/ratgeber/gesundheit/fitness-und-wellness. Body Mass Index: Es darf ein bisschen mehr sein; 31. 8. 2008

www.kebsinformationsdienst.de/themen/risiken/vitamin. Deutsches Krebsforschungszentrum.

www.klosterstudie.de/index-Dateien/geschlechterdifferenzen.htm; 2. 9. 2008

www.old.uni-bayreuth.de/departments/didaktikchemie/: Natürliche Radioaktivität; 4. 9. 2008

www.dr-lindner.de/; 25. 5. 2008

www.slowfood.de/wirueberuns/slowfoodweltweit/

www.gesundheitstrends.de/service/serie/stress.php

www.ihk-muenchen.de/.../ihk_magazin/Magazin_032008/

www.sueddeutsche.de/jobkarriere/berufstudium/artikel/649/151271

www.welt.de/wirtschaft/article2106417/Die_Koks_Nasen_auf_den_deutschen_Chefsesseln.html

www.handelsblatt.com/unternehmen/strategie/wenn-manager-angst-haben;1159223

www.welt.de/wissenschaft/article1499222/Auslegungssache__wer_ist_wirklich_gesund.html; 28. 7. 2008

www.misterinfo.de/071011/zaubersprueche-zur-wunscherfuellung; 29. 7. 2008

www.aerzte-bl.ch/extern/HTML/der_arzt_raet/operationen/nachwirkungen.html. Nachwirkungen nach Narkosen, ein echtes Problem?; 6. 8. 2008

www.forum-gesundheitspolitik.de/dossier/index602.htm; 21. 9. 2005

www.aerzte-bl.ch/extern/HTML/der_arzt_raet/operationen/nachwirkungen.html. Nachwirkungen nach Narkosen, ein echtes Problem?; 6. 8. 2008

www.ta7.de/txt/biografi/biog0006.htm; 13. 8. 2008

www.google.de/search?hl=de&q=Beethoven&meta; 13. 8. 2008
de.wikipedia.org/wiki/Mens_sana_in_corpore_sano; 13. 9. 2008
de.wikipedia.org/wiki/9._Sinfonie_(Beethoven; 13. 8. 2008

Die Autoren

◆

Prof. Dr. Mag. (rer. soc. oec.) Anna Maria Pircher-Friedrich

- Professorin für Human Resources und Dienstleistungs- und Qualitätsmanagement am Management Center Innsbruck – die unternehmerische Hochschule.
- International gefragte Vortragende, Seminarleiterin und Trainerin für Führungskräfte aus Wirtschaft, Schulen und Krankenhäusern. Zahlreiche Publikationen und wissenschaftliche Beratungstätigkeit als:
  - Mitglied von Q-Pool, 100: Offizielle Qualitätsgemeinschaft internationaler Wirtschaftstrainer und -berater,
  - Mitglied des wissenschaftlichen Beirates der Deutschen Gesellschaft für Logotherapie und Existenzanalyse,
  - Mitglied des Vorstandes des Österreichischen Instituts für nachhaltige Entwicklung in Wien.

Kontakt: pircher.friedrich@dnet.it, www.pircher-friedrich.com

Dr. med. Rolf Klaus Friedrich

- Facharzt für Anästhesiologie. Europäisches Facharztdiplom der European Academy of Anaesthesiologie.
- Zusatzqualifikation als Arzt für Naturheilverfahren und manuelle Medizin.
- Jahrelange klinische Tätigkeit in der Anästhesie, Intensiv- und Notfallmedizin sowie Schmerztherapie.
- Seit 1989 neben freiberuflicher Tätigkeit als Anästhesist eigene Praxis für Allgemeinmedizin, Schmerztherapie und Naturheilverfahren in Meran – Südtirol.
- Internationale Tätigkeit als Vortragender bei Kongressen und Seminaren.
- Lehrbeauftragter für Präventivmedizin und Stressmanagement an verschiedenen Hochschulen.

Kontakt: rolf.friedrich@dnet.it, www.rolf-friedrich.com